高等职业教育建筑类教材（立体化）

GAODENG ZHIYE JIAOYU JIANZHULEI JIAOCAI（LITIHUA）

BIM JIANZHU SHEJI YU YINGYONG

BIM建筑设计与应用

主　编○刘新月　张　宁

副主编○杨孝禹　苏海为

重庆大学出版社

内容提要

本书共21章，以Autodesk Revit Architecture 2016软件功能为主干，以一个单体建筑设计主案例为枝，以几十个小案例为叶，辅以几百个练习文件和详细操作说明，最后以一个综合案例进行练习，以图文并茂的形式详细、系统地讲解了Autodesk Revit Architecture 2016 所有功能的操作方法和技巧，是学习BIM建筑设计必备的"功能+案例"学习手册。

本书适于广大建筑设计师、在校学生及三维设计爱好者学习和参考。

图书在版编目（CIP）数据

BIM建筑设计与应用 / 刘新月，张宁主编. --重庆：
重庆大学出版社,2017.8
高等职业教育建筑类教材
ISBN 978-7-5689-0609-8

Ⅰ.①B…　Ⅱ.①刘…　②张…　Ⅲ.①建筑设计—高等
职业教育—教材　Ⅳ.①TU2

中国版本图书馆CIP数据核字（2017）第143170号

高等职业教育建筑类教材
BIM 建筑设计与应用
主　编　刘新月　张　宁
副主编　杨孝禹　苏海为
责任编辑：肖乾泉　　版式设计：林青山
责任校对：关德强　　责任印制：赵　晟

*

重庆大学出版社出版发行
出版人：易树平
社址：重庆市沙坪坝区大学城西路 21 号
邮编：401331
电话：（023）88617190　88617185（中小学）
传真：（023）88617186　88617166
网址：http://www.cqup.com.cn
邮箱：fxk@cqup.com.cn（营销中心）
全国新华书店经销
重庆高迪彩色印刷有限公司印刷

*

开本：787mm×1092mm　1/16　印张：20.25　字数：417 千
2017 年 8 月第 1 版　　2017 年 8 月第 1 次印刷
印数：1—2 000
ISBN 978-7-5689-0609-8　定价：66.00 元

前 言

Preface

BIM 已经成为国内当前建设领域的前沿技术之一，曾被明确写入建筑业发展"十二五"规划并继续列入住房和城乡建设部、科技部"十三五"相关规划，正在推动建筑行业工作方式的变革。越来越多的人认识到 BIM 将给工程建设行业带来巨大的影响和变革，越来越多的设计企业和施工单位加入国内 BIM 的探索、应用和发展中来，已经从几年前的以工具应用为主，逐渐发展到现在的基于 BIM 的设计流程和信息管理、BIM 的施工及协同管理、BIM 的运维等方面的应用方向上来。

由于国内起步阶段的市场环境所限，技术成熟度不够，人才和 BIM 相关标准都比较缺乏，也没有可以借鉴的成熟经验，行业内基本上都是处于摸着石头过河、各自为战、自力更生的状态。毕竟都投入和付出了相对比较大的人力、物力和时间成本，目前 BIM 的应用和研究成果可以说是遍地开花。鉴于此，对自己摸索出的一些技术和管理上的相关经验分享起来会相对比较保守，毕竟这是自己的核心价值、竞争力和差异化的体现。

本人自 2009 年开始接触 BIM，作为使用者和推广者，见证和经历了国内 BIM 发展艰难又漫长的历程。希望结合这些年的使用心得和丰富的培训经验整理出一套简单但很实用的教程。所以，自 2015 年 12 月开始，经一年多时间的编写、修改终于形成一套比较系统的教程。本教材可用作本科和中高职院校建筑工程、建筑设计、工程管理专业学生及工程专业技术人员的培训教材和参考用书，特别适用于 BIM 初学者。

本书第 21 章综合案例模型图纸由湖北工业职业技术学院黄朝广提供，详见由重庆大学出版社出版的《建筑工程识图综合实训》，在此表示衷心的感谢。本书综合案例操作视频可通过手机扫描封底"资源地址"二维码进入观看，也可以通过"打开网页→搜索'课书房'→搜索'BIM 建筑设计与应用'"路径进入视频学习。

　　在编写过程中，编者查阅了大量公开或内部发行的技术资料和书刊，借用了其中大量的图表及内容，在此向原作者致以衷心的感谢。

　　由于编写时间有限，虽经反复斟酌和修改，难免有疏漏之处，敬请广大读者和专家提出宝贵意见。

编　者

2017 年 3 月

目 录

Contents

第1章 Autodesk Revit Architecture 基本知识

本章将概念性地了解 Autodesk Revit Architecture 软件的基本构架关系和它们之间的有机联系，初步熟悉 Autodesk Revit Architecture 2016 的用户界面和一些基本操作命令工具，掌握三维设计制图的原理，以及 Autodesk Revit Architecture 作为一款建筑信息模型软件的基本应用特点。

1.1 Autodesk Revit Architecture 软件概述

1.1.1 软件的 5 种图元要素

（1）主体图元

主体图元包括墙、楼板、屋顶和天花板、场地、楼梯、坡道等。其参数设置如大多数的墙都可以设置构造层、厚度、高度等，如图 1.1 所示。楼梯都具有踏面、踢面、休息平台、梯段宽度等参数，如图 1.2 所示。

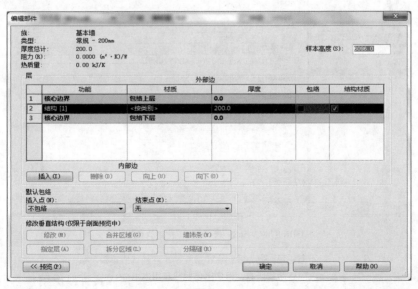

图 1.1

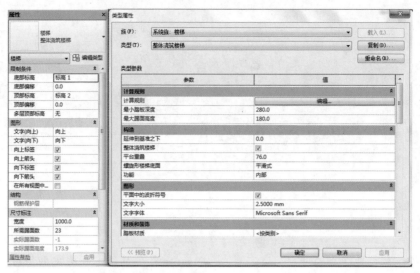

图 1.2

　　主体图元的参数设置由软件系统预先设置，用户不能自由添加参数，只能修改原有的参数设置，编辑创建出新的主体类型。

　　（2）构件图元

　　构件图元包括窗、门和家具、植物等三维模型构件。构件图元和主体图元具有相对的依附关系。例如，门窗是安装在墙主体上的，若删除墙，则墙体上安装的门窗构件也同时被删除，这是 Revit 软件的特点之一。

　　构件图元的参数设置相对灵活，变化较多，所以用户可以在 Revit 中自行定制构件图元，设置各种需要的参数类型，以满足参数化设计修改的需要，如图 1.3 所示。

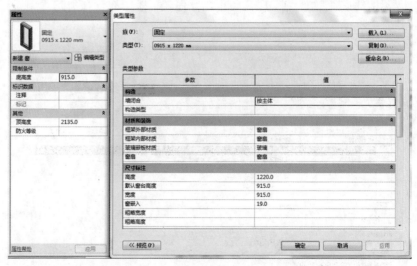

图 1.3

　　（3）注释图元

　　注释图元包括尺寸标注、文字注释、标记和符号等。其样式可以由用户自行定制，以满足各种本地化设计应用的需要。例如，展开项目浏览器的族中注释符号的子目录，即可编辑修改相关注释族的样式，如图 1.4 所示。

Revit 中的注释图元与其标注、标记的对象之间具有某种特定的关联的特点，例如门窗定位的尺寸标注，若修改门窗位置或门窗大小，其尺寸标注会根据系统自动修改；若修改墙体材料，则墙体材料的材质标记会自动变化。

（4）基准面图元

基准面图元包括标高、轴网、参照平面等。因为 Revit 是一款三维设计软件，而三维建模的工作平面设置是其中非常重要的环节，所以标高、轴网、参照平面等基准面图元就提供了三维设计的基准面。

此外，还经常使用参照平面来绘制定位辅助线，以及绘制辅助标高或设定相对标高偏移来定位。例如，绘制楼板时，软件默认在所选视图的标高上绘制，可以通过设置相对标高偏移值来调整，如卫生间下降楼板等，如图 1.5 所示。

图 1.4

图 1.5

（5）视图图元

视图图元包括楼层平面图、天花板平面图、三维视图、立面图、剖面图及明细表等。视图图元的平面图、立面图、剖面图及三维轴测图、透视图等都是基于模型生成的视图表达，它们是相互关联的，可以通过软件对象样式的设置来统一控制各个视图的对象显示，如图 1.6 所示。

图 1.6

　　每一个平面、立面、剖面视图都具有相对的独立性，如每一个视图都可以设置其独有的构件可见性设置、详细程度、出图比例、视图范围设置等，这些都可以通过调整每个视图的视图属性来实现，如图 1.7 所示。

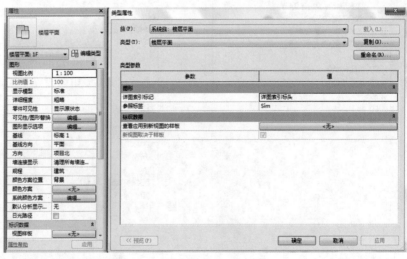

图 1.7

　　Autodesk Revit Architecture 软件的基本构架就是由以上 5 种图元要素构成的。对以上图元要素的设置、修改及定制等操作都有类似的规律，需读者用心体会。

1.1.2　"族"的名词解释和软件的整体构架关系

　　Autodesk Revit Architecture 软件作为一款参数化设计软件，族的概念需要深入理解和掌握。族的创建和定制，使软件具备了参数化设计的特点及实现本地化项目定制的可能性。族是一个包含通用属性集（称为参数）和相关图形表示的图元组，所有添加到 Autodesk Revit Architecture 项目中的图元（从用于构成建筑模型的结构构件、墙、屋顶、窗和门到用于记录该模型的详图索引、装置、标记和详图构件）都是使用族来创建的。

在 Autodesk Revit Architecture 中，有以下 3 种族：

①内建族：在当前项目为专有的特殊构件所创建的族，不需要重复利用。

②系统族：包含基本建筑图元，如墙、屋顶、天花板、楼板及其他要在施工场地使用的图元。标高、轴网、图纸和视口类型的项目和系统设置也是系统族。

③标准构件族：用于创建建筑构件和一些注释图元的族。例如，窗、门、橱柜、装置、家具、植物和一些常规自定义的注释图元（如符号和标题栏等），它们具有可自定义高度的特征，可重复利用。

在应用 Autodesk Revit Architecture 软件进行项目定制时，首先需要了解：该软件是一个有机的整体，它的 5 种图元要素之间是相互影响和密切关联的。所以，在应用软件进行设计、参数设置及修改时，需要从软件的整体构架关系来考虑。

①对窗族的图元可见性、子类别设置和详细程度等设置来说，族的设置与建筑设计表达密切相关。

②在制作窗族时，通常设置窗框竖梃而且玻璃在平面视图不可见，因为按照我国的制图标准，窗户表达为 4 条细线，如图 1.8 所示。

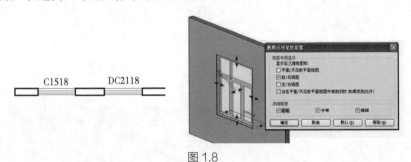

图 1.8

③制作窗族时，还需要为每一个构件设置其所属子类别，因为有时还需要在项目中单独控制窗框、玻璃等构件或符号在视图中的显示，如图 1.9 所示。

④在项目中窗的平面表达，在 1:100 的视图比例和 1:20 的视图比例中，它们的平面显示的要求是不同的，在制作窗族设置详细程度时加以考虑，如图 1.10 所示。

⑤在项目中，门窗标记、门窗表以及族的类型名称也是密切相关的，需要综合考虑。例如在项目图纸中，门窗标记的默认位置和标记族的位置有关，如图 1.11 所示。

⑥标记族选用的标签与门窗表选用的字段有关，如图 1.12 所示。

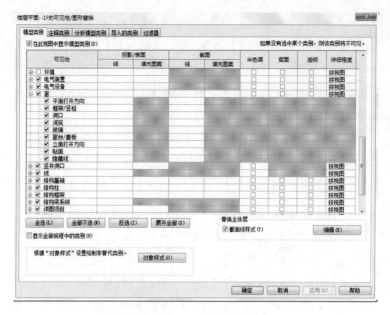

图 1.9

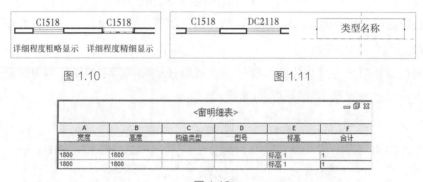

图 1.10

图 1.11

<窗明细表>

A	B	C	D	E	F
宽度	高度	构造类型	型号	标高	合计
1800	1800			标高 1	1
1800	1800			标高 1	1

图 1.12

⑦调用门窗族类型时，为方便从类型选择器中选用门窗，需要把族的名称和类型名称定义得直观、易懂。按照我国标准的图纸表达习惯，最好的方式就是把族名称、类型名称与门窗标记族的标签及明细表中选用的字段关联起来，作为一个整体来考虑，如图 1.13 所示。

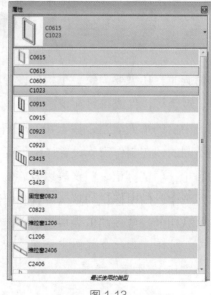

图 1.13

1.1.3 Autodesk Revit Architecture 的应用特点

了解 Autodesk Revit Architecture 的应用特点，才能更好地结合项目需求，做好项目应用的整体规划，避免事后返工。

①首先要建立三维设计和建筑信息模型的概念，创建的模型具有现实意义。例如，创建墙体模型，不仅具有高度的三维模型，而且具有构造层、内外墙的差异、材料特性、时间及阶段信息等，所以创建模型时，这些都需要根据项目应用需要加以考虑。

②关联和关系的特性：平立剖图纸与模型、明细表实时关联，即一处修改，处处修改的特性；墙和门窗的依附关系，墙能附着于屋顶楼板等主体的特性；栏杆能指定坡道楼梯为主体、尺寸、注释和对象的关联关系等。

③参数化设计的特点：类型参数、实例参数、共享参数等对构件的尺寸、材质、可见性、项目信息等属性的控制。不仅是建筑构件的参数化，而且可以通过设定约束条件实现标准化设计，如整栋建筑单体的参数化、工艺流程的参数化、标准厂房的参数化设计。

④设置限制性条件，即约束：如设置构件与构件、构件与轴线的位置关系，设定调整变化时的相对位置变化的规律。

⑤协同设计的工作模式：工作集（在同一个文件模型上协同）和链接文件管理（在不同文件模型上协同）。

⑥阶段的应用引入了时间的概念，实现四维的设计施工建造管理的相关应用。阶段设置可以和项目工程进度相关联。

⑦实时统计工程量的特性，可以根据阶段的不同，按照工程进度的不同阶段分期统计工程量。

1.2 工作界面介绍与基本工具应用

Autodesk Revit Architecture 2016 界面与旧版本的软件的界面变化很大，界面变化的主要目的是简化工作流程。在 Autodesk Revit Architecture 2016 中，只需单击几次，便可以修改界面，从而更好地支持人们的工作。例如，可以将功能区设置为 3 种显示设置之一，还可以同时显示若干个项目视图，或按层次放置视图以仅看到最上面的视图，如图 1.14 所示。

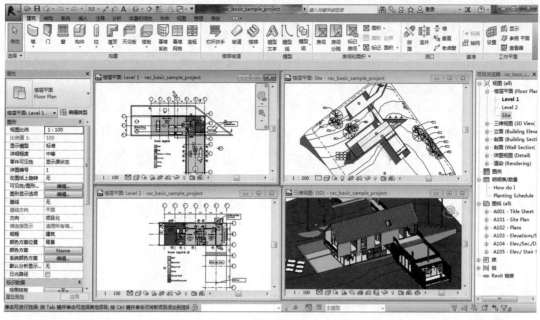

图 1.14

1）应用程序菜单

应用程序菜单提供对常用文件操作的访问，如"新建""打开"和"保存"菜单，还允许使用更高级的工具（如"导出"和"发布"）来管理文件。单击 ![] 按钮打开应用程序菜单，如图 1.15 所示。

在 Autodesk Revit Architecture 2016 中自定义快捷键时，选择应用程序菜单中的"选项"命令，弹出"选项"对话框，然后单击"用户界面"选项卡中的"自定义"按钮，在弹出"快捷键"对话框中进行设置，如图 1.16 所示。

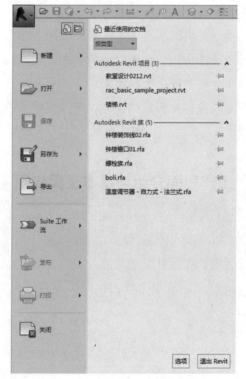

图 1.15

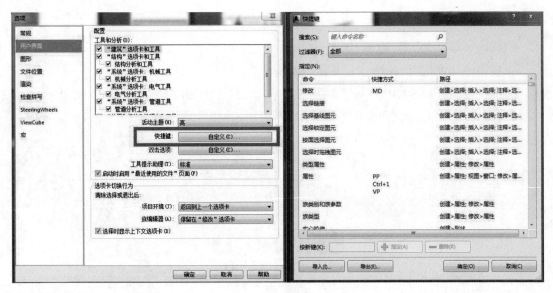

图 1.16

2）快速访问工具栏

单击快速访问工具栏后的下拉按钮 ，将弹出工具列表，在 Autodesk Revit Architecture 2016 中每个应用程序都有一个 QAT（快速访问工具栏），增加了 QAT 中的默认命令的数目。若要向快速访问工具栏中添加功能区的按钮，可在功能区中单击鼠标右键，在弹出的快捷菜单中选择"添加到快速访问工具栏"命令，按钮会添加到快速访问工具栏中默认命令的右侧，如图 1.17 所示。

可以对快速访问工具栏中的命令进行向上 / 向下移动命令、添加分隔符、删除命令等操作，如图 1.18 所示。

图 1.17

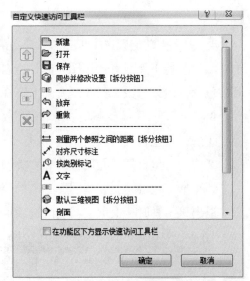

图 1.18

3）功能区按钮

功能区包括以下 3 种类型的按钮：

①按钮（如天花板 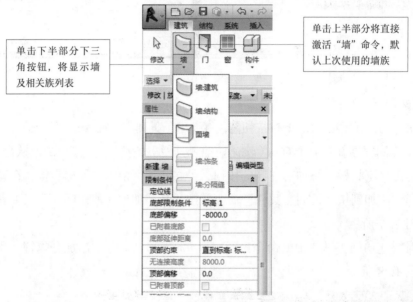天花板 ）：单击可调用工具。

②下拉按钮：如图 1.19 所示，"墙"包含一个下三角按钮，用以显示附加的相关工具。

③分割按钮：调用常用的工具或显示包含附加相关工具的菜单。

【提示】

如果看到按钮上有一条线将按钮分割为 2 个区域，单击上部（或左侧）可以访问通常最常用的工具；单击另一侧可显示相关工具的列表，如图 1.19 所示。

图 1.19

4）上下文功能区选项卡

激活某些工具或者选择图元时，会自动增加并切换到一个"上下文功能区选项卡"，其中包含一组只与该工具或图元的上下文相关的工具。

例如，单击"墙"工具时，将显示"放置墙"的上下文选项卡，其中显示以下 3 个面板：

①选择：包含"修改"工具。

②图元：包含"图元属性"和"类型选择器"。

③图形：包含绘制墙草图所必需的绘图工具。

退出该工具时，上下文功能区选项卡即会关闭，如图 1.20 所示。

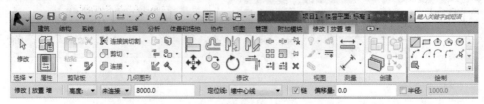

图 1.20

5）全导航控制盘

将查看对象控制盘和巡视建筑控制盘上的三维导航工具组合到一起，用户可以查看各个对象，并围绕模型进行漫游和导航。全导航控制盘（大）和全导航控制盘（小）经优化适合有经验的三维用户使用，如图 1.21 所示。

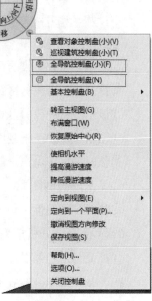

图 1.21

【注意】

显示其中一个全导航控制盘时，单击任何一个选项，然后按住鼠标不放即可进行调整。如按住缩放，前后拖动鼠标可进行视图的大小控制。

①切换到全导航控制盘（大）：在控制盘上单击鼠标右键，在弹出的快捷菜单中选择"全导航控制盘（N）"命令。

②切换到全导航控制盘（小）：在控制盘上单击鼠标右键，在弹出的快捷菜单中选择"全导航控制盘（小）（F）"命令。

6）ViewCube

ViewCube 是一个三维导航工具，可指示模型的当前方向，并让用户调整视点，如图 1.22 所示。

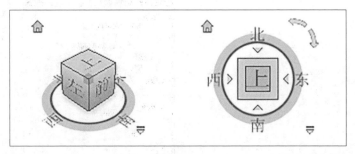

图 1.22

主视图是随模型一同存储的特殊视图，可以方便地返回已知视图或熟悉的视图，用户可以将模型的任何视图定义为主视图。

具体操作：在 ViewCube 上单击鼠标右键，在弹出的快捷菜单中选择"将当前视图设定为主视图"命令。

7）视图控制栏

视图控制栏位于 Revit 窗口底部的状态栏上方，界面为 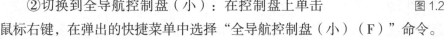 通过它可以快速访问影响绘图区域的功能，视图控制栏工具从左向右依次是：

①比例。

②详细程度。

③模型图形样式：单击可选择线框、隐藏线、着色、一致的颜色和真实 5 种模式，同时增加了新的选项卡——"图形显示选项"，此选项后面会有详细介绍，如图 1.23 所示。

④打开 / 关闭日光路径。

⑤打开 / 关闭阴影。

⑥显示 / 隐藏渲染对话框（仅当绘图区域显示三维视图时才可用）。

⑦打开 / 关闭裁剪区域。

⑧显示 / 隐藏裁剪区域。

⑨锁定 / 解锁三维视图。

⑩临时隐藏 / 隔离。

⑪显示隐藏的图元。

⑫临时视图属性：单击可选择启用临时视图属性、临时应用样板属性和恢复视图属性。

⑬显示/隐藏分析模型。

⑭高亮显示位移集。

在 Autodesk Revit Architecture 2016 的图形显示选项功能面板中，可进行轮廓、阴影、勾画线、照明、摄影曝光和背景等命令的相关设置，如图 1.24 所示。

进行相关设置并打开日光路径 ☼ 后，在三维视图中会出现如图 1.25 所示的效果。

可以通过直接拖曳图中的太阳，或修改时间来模拟不同时间段的光照情况，还可以通过拖曳太阳轨迹来修改日期，如图 1.26 所示。

图 1.23　　　　　　　　　　图 1.24

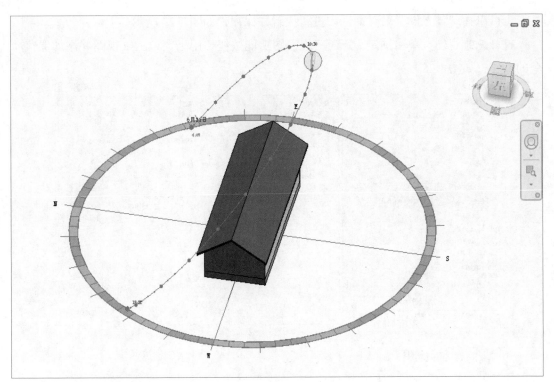

图 1.25

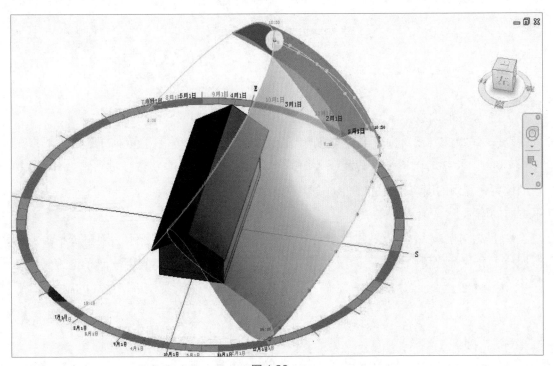

图 1.26

也可以在"日光设置"对话框中进行设置并保存，如图 1.27 所示。

打开三维视图，单击锁定 / 解锁三维视图功能按钮，用于锁定三维视图并添加保存命令的操作，如图 1.28 所示。

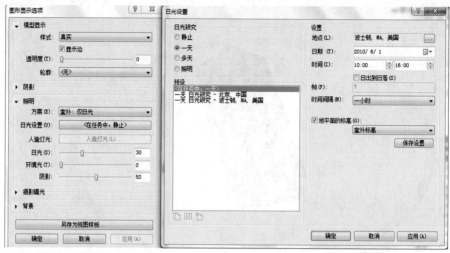

图 1.27

8）基本工具的应用

常规的编辑命令适用于软件的整个绘图过程，如移动、复制、旋转、阵列、镜像、对齐、拆分、修剪、偏移等编辑命令，如图 1.29 所示。下面主要通过墙体和门窗的编辑来详细介绍。

图 1.28   图 1.29

（1）墙体的编辑

①选择"修改 | 墙"选项卡，"修改"面板下的编辑命令如图 1.29 所示。

● 复制：在选项栏 修改|墙 □约束 □分开 □多个 中，勾选"多个"复选框，可复制多个墙体到新的位置，复制的墙与相交的墙自动连接，勾选"约束"复选框，可复制在垂直方向或水平方向的墙体。

● 旋转：拖曳"中心点"可改变旋转的中心位置，如图 1.30 所示。用鼠标拾取旋转参照位置和目标位置，旋转墙体。也可以在选项栏设置旋转角度值后按回车键旋转墙体 □分开 ☑复制 角度：135 （注意：勾选"复制"复选框会在旋转的同时复制一个墙体的副本）。

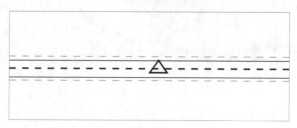

图 1.30

● 阵列：勾选"成组并关联"选项，输入项目数，然后选择"移动到"选项中的"第二个"或"最后一个"，再在视图中拾取参考点和目标位置，二者间距将作为第一个墙体和第二个或最后一个墙体的间距值，自动阵列墙体，如图 1.31 所示。

图 1.31

● 镜像：在"修改"面板的"镜像"下拉列表中选择"拾取镜像轴"或"绘制镜像轴"选项镜像墙体。

● 缩放：选择墙体，单击"缩放"工具，在选项栏 ○图形方式 ○数值方式 比例：0.463284 上选择缩放方式，选择"图形方式"单选按钮，单击整道墙体的起点、终点，以此来作为缩放的参照距离，再单击墙体新的起点、终点，确认缩放后的大小距离，选择"数值方式"单选按钮，直接输入缩放比例数值，按回车键确认即可。

②选择"修改 | 墙"选项卡下"编辑"面板上的工具，如图 1.32 所示。

● 对齐：在各视图中对图元进行对齐处理。选择目标图元，使用【Tab】功能键确定对齐位置，再选择需要对齐的图元，使用【Tab】功能键选择需要对齐的部位。

图 1.32

● 拆分：在平面、立面或三维视图中，单击墙体的拆分位置即可将墙在水平或垂直方向拆分成几段。

● 修剪：单击"修剪"按钮即可修剪墙体。

● 延伸：单击"延伸"工具下拉按钮，选择"修剪 / 延伸单个图元"或"修剪 / 延伸多个图元"命令，既可以修剪也可以延伸墙体。

● 偏移：在选项栏设置偏移，可以将所选图元偏移一定的距离。

● 复制：单击"复制"按钮可以复制平面或立面上的图元。

● 移动：单击"移动"按钮可以将选定图元移动到视图中指定的位置。

● 旋转：单击"旋转"按钮可以绕选定的轴旋转至指定位置。

● 镜像 . 拾取轴：可以使用现有线或边作为镜像轴，来反转选定图元的位置。

● 镜像 . 绘制轴：绘制一条临时线，用作镜像轴。

● 缩放：可以调整选定图元的大小。

● 阵列：可以创建选定图元的线性阵列或半径阵列。

【注意】

如偏移时需生成新的构件，勾选"复制"复选框，如图 1.33 所示。

图 1.33

（2）门窗的编辑

选择门窗，自动激活"修改｜门 / 窗"选项卡，在"修改"面板下编辑命令。

可在平面、立面、剖面、三维等视图中，移动、复制、阵列、镜像、对齐门窗。

在平面视图中复制、阵列、镜像门窗时，如果没有同时选择其门窗标记的话，可以在后期随时添加，在"注释"选项卡的"标记"面板中选择"全部标记"命令，然后在弹出的对话框中选择要标记的对象，并进行相应设置。所选标记将自动完成标记（和旧版本不同的是，

图 1.34

对话框上方出现了包括链接文件中的图元，以后会涉及相关知识），如图 1.34 所示。

视图上下文选项卡上的基本命令，如图 1.35 所示。

图 1.35

● 细线：软件默认的打开模式是粗线模型，当需要在绘图中以细线模型显示时，可选择"图形"面板中的"细线"命令。

● 窗口切换：绘图时打开多个窗口，通过"窗口"面板上的"窗口切换"命令选择绘图所需窗口。

● 关闭隐藏对象：自动隐藏当前没有在绘图区域上使用的窗口。

● 复制：选择该命令复制当前窗口。

● 层叠：选择该命令，当前打开的所有窗口将层叠地出现在绘图区域，如图 1.36 所示。

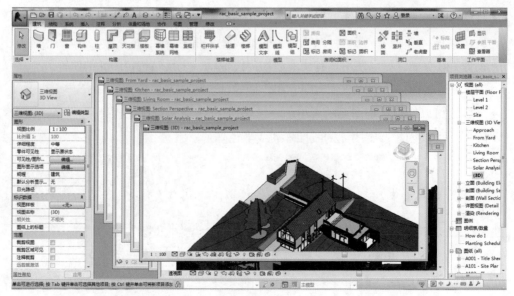

图 1.36

● 平铺：选择该命令当前打开的所有窗口平铺在绘图区域，如图 1.37 所示。

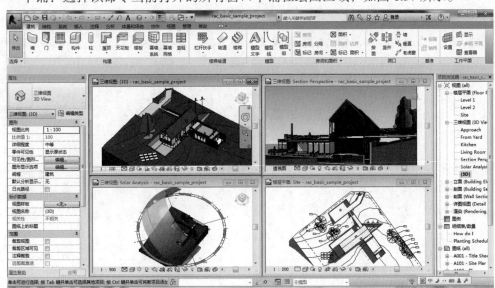

图 1.37

【注意】

以上介绍的工具在后面的内容中如有涉及，将根据需要进行详细介绍。

9）鼠标右键工具栏

在绘图区域单击鼠标右键，弹出快捷菜单，菜单命令依次为"取消""重复上一个命令""上次选择""查找相关视图""区域放大""缩小两倍""缩放匹配""平移活动制图""上一次平移/缩放""下一次平移/缩放""属性"各选项，如图 1.38 所示。

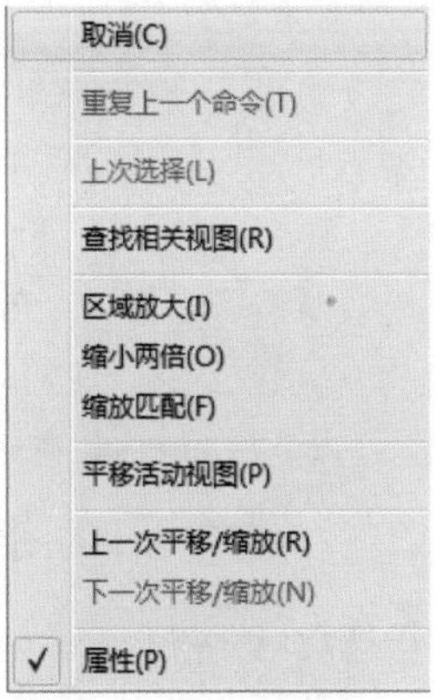

1.3 Autodesk Revit Architecture 三维设计制图的基本原理

Autodesk Revit Architecture 中，每一个平面、立面、剖面、透视、轴测、明细表都是一个视图。它们的显示都是由各自视图的视图属性控制的，且不影响其他视图。这些显示包括可见性、线型线宽、颜色等控制。

作为一款参数化的三维建筑设计软件，Autodesk Revit Architecture 是如何通过创建三维模型并进行相关项目设置，从而获得所需要且符合设计要求的相关平立剖面大样详图等图纸的，这就需要了解 Autodesk Revit Architecture 三维设计制图的基本原理。

1.3.1 平面图的生成

1）详细程度

在建筑设计图纸的表达要求中，由于不同比例图纸的视图表达的要求也不相同，所以

图 1.38

需要对视图进行详细程度的设置。

在楼层平面中，右键单击"视图属性"，在弹出的"实例属性"对话框中单击"详细程度"后的下拉按钮，可选择"粗略""中等"或"精细"等详细程度。

通过预定义详细程度，可以影响不同视图比例下同一几何图形的显示。因此，在族编辑器中创建的自定义门在粗略、中等和精细详细程度下的显示情况可能会有所不同，如图 1.39 所示。

墙、楼板和屋顶的复合结构以中等和精细详细程度显示，即详细程度为"粗略"时不显示结构层。

族几何图形随详细程度的变化而变化，此项可在族中自行设置。

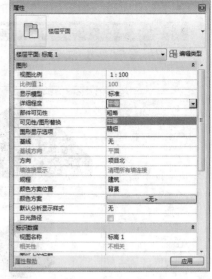

图 1.39

结构框架随详细程度的变化而变化。以粗略程度显示时，它会显示为线；以中等和精细程度显示时，它会显示更多几何图形，如图 1.40 所示。

除上述方法外，还可直接在视图平面处于激活的状态下，在视图控制栏中直接进行调整详细程度，此方法适用于所有类型视图，如图 1.41 所示。

可以通过在"视图属性"中设置"详细程度"参数，从而随时替换详细程度。

图 1.40　　　　　　　　　　　　　　　图 1.41

2）可见性图形替换

在建筑设计的图纸表达中，通常要控制不同对象的视图显示与可见性，可以通过"可见性/图形替换"的设置来实现上述要求。

在楼层平面属性对话框中，单击"可见性/图形替换"后的编辑按钮，打开"可见性/图形替换"对话框，如图 1.42 所示。从"可见性/图形替换"对话框中，可以查看已应用于某个类别的替换。如果已经替换了某个类别的图形显示，单元格会显示图形预览；如果没有对任何类别进行替换，单元格会显示为空白，图元则按照"对象样式"对话框中的指定显示。

如图 1.42 所示，门类别的"投影/表面"和"截面"的填充图案已被替换，可进行半色调、假面、透明，以及详细程度的调整，勾选"可见性"中构件前的复选框为可见，取消勾选为隐藏不可见状态。

"注释类别"选项卡中同样可以控制注释构件的可见性，可以调整"投影/表面"的线、填充样式及是否半色调显示构件。

图 1.42

　　"导入的类别"选项卡可控制导入对象的"可见性""投影 / 截面"的线、填充样式及是否半色调显示构件。

　　3）过滤器的创建

　　通过应用过滤器工具，设置过滤器规则，选择所需要的构件。

　　单击"视图"选项卡下"图形"面板中的"过滤器"。

　　在"过滤器"对话框中单击 （新建）按钮，或选择现有过滤器，然后单击 （复制）按钮。

　　在"类别"选项区域选择所要包含在过滤器中一个或多个类别。

　　在"过滤器规则"选项区域设置"过滤条件"的参数，如"类型名称"，如图 1.43 所示。

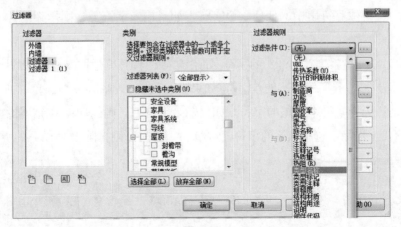

图 1.43

从"过滤条件"下拉列表中选择过滤器运算符，如"大于或等于"。

为过滤器输入一个值"NQ"（即所有类型名称中包含"NQ"的墙体），单击"确定"按钮退出对话框。

在"可见性图形替换"对话框的"过滤器"选项卡下单击"添加"按钮将已经设置好的过滤器添加使用，此时可以隐藏符合条件的墙体，取消勾选过滤器"内墙"的"可见性"复选框，将其进行隐藏勾选，如图 1.44 所示。

图 1.44

4）选择过滤器运算符

- 等于：字符必须完全匹配。
- 不等于：排除所有与输入的值不匹配的内容。
- 大于：查找大于输入值的值。如果输入 23，则返回大于 23（不含 23）的值。
- 大于或等于：查找大于或等于输入值的值。如果输入 23，则返回 23 及大于 23 的值。
- 小于：查找小于输入值的值。如果输入 23，则返回小于 23（不含 23）的值。
- 小于或等于：查找小于或等于输入值的值。如果输入 23，则返回 23 及小于 23 的值。
- 包含：选择字符串中的任何一个字符。如果输入字符 H，则返回包含字符 H 的所有属性。
- 不包含：排除字符串中的任何一个字符。如果输入字符 H，则排除包含字母 H 的所有属性。
- 开始部分是：选择字符串开头的字符。如果输入字符 H，则返回以 H 开头的所有属性。
- 开始部分不是：排除字符串的首字符。如果输入字符 H，则排除以 H 开头的所有属性。
- 末尾是：选择字符串末尾的字符。如果输入字符 H，则返回以 H 结尾的所有属性。
- 结尾不是：排除字符串末尾的字符。如果输入字符 H，则排除以 H 结尾的所有属性。

【注意】

如果选择等于运算符，则所输入的值必须与搜索值相匹配，此搜索区分大小写。

5）模型图形样式

单击楼层平面视图属性对话框中"图形显示选项"后的"编辑"按钮，在弹出的"图形显示选项"对话框中可选择图形显示曲面中的样式，即线框、隐藏线、着色、一致的颜色、真实，如图 1.45 所示。

除上述方法外，还可直接在视图平面处于激活的状态下，在视图控制栏中直接进行调整模型图形样式，此方法适用于所有类型视图，如图 1.46 所示。

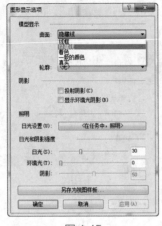

图 1.45　　　　　　　　　　　　　图 1.46

6）图形显示选项

在图形显示选项的设置中，可以设置真实的建筑地点，设置虚拟的或真实的日光位置，控制视图的阴影投射，实现建筑平、立面轮廓加粗等功能。

在楼层平面视图属性对话框中，单击"图形显示选项"后的"编辑"按钮，打开"日光设置"对话框，如图 1.47 所示。

图 1.47

（1）设置图形的"日光和阴影"

"投射阴影"：勾选该复选框将打开阴影，此选项与在视图控制栏上单击 ◌ （打开阴影）按钮具有相同的效果。开启该选项将显著降低软件的运行速度，建议不需要时不勾选。

"显示环境光阴影"：当"投射阴影"复选框未勾选时，勾选此选项，三维视图虽然未投射阴影，但模型各面将受日光设置的影响出现灰度变化，使模型显示效果更加生动。软件运行速度慢时，建议不勾选该选项。

（2）设置"轮廓"

设置轮廓线型样式，可将模型的轮廓线样式替换成所需要显示的样式。步骤如下：

①在视图控制栏上单击"隐藏线"或"着色"。对于线框或着色模型图形样式，轮廓不可用。

②在视图控制栏上单击 □ 按钮，在弹出的菜单中选择"图形显示选项"选项，如图 1.48 所示。

③设置"轮廓"，选择所需轮廓加粗的线型样式，如图 1.49 所示。

图 1.48

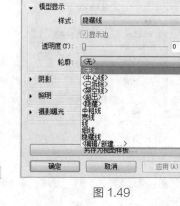

图 1.49

要删除轮廓的线样式，可执行下列步骤：

①单击"修改"选项卡下"视图"面板中的"线处理"按钮。

②选择"线处理"选项卡下"线样式"，然后从类型选择器中选择"＜并非侧轮廓＞"选项。

③选择轮廓，即可删除轮廓的线样式。

（3）基线

通过基线的设置，可以看到建筑物内楼上或楼下各层的平面布置，可作为设计参考。若需设置视图的"基线"，可在绘图区域中单击鼠标右键，在弹出的快捷菜单中选择"视图属性"命令，打开楼层平面的"属性"对话框，如图 1.50 所示。

在当前平面视图下显示另一个模型片段，该模型片段可从当前层上方或下方获取。例如，绘制屋顶时，屋顶平面视图需要参照下一层墙体绘制屋顶轮廓，即可在屋顶平面图的"图元属性"对话框中将"基线"设置为下一层平面视图，屋顶平面将会显示下一层的墙体，如图 1.51 所示。

图 1.50

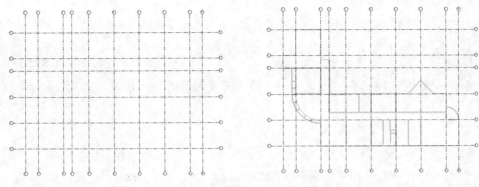

图 1.51

（4）颜色方案的设置

通过颜色方案的设置，可以快速得到建筑方案的着色平面图。单击楼层平面"属性"
对话框中"颜色方案"后的"无"按钮，打开"编辑颜色方案"对话框，进行相应设置，
如图 1.52 所示。

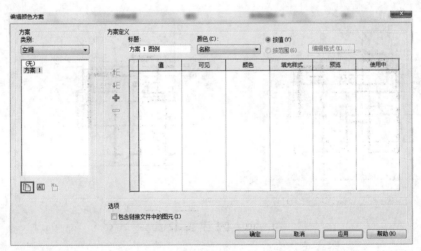

图 1.52

①创建新颜色方案，单击"复制"按钮 生成新的颜色方案，在"方案定义"字段
中输入颜色方案图例的标题。将颜色方案应用于视图时，标题将显示在图例的上方。可以
选择颜色方案图例，打开其类型属性对话框，可以勾选或取消勾选"显示标题"复选框以
显示或隐藏颜色方案图例标题。

②从"颜色"菜单中选择将用做颜色方案基础的参数。注意，确保已为所选的参数定
义了值，可在"实例属性"对话框中添加或修改参数值。

③要按特定参数值或值范围填充颜色，应选择"按值"或"按范围"。注意，"按范
围"并不适用于所有参数，在左侧单击添加值添加数值。

④当选择"按范围"时，单位显示格式在"编辑格式"按钮旁边显示。如果需要，可
单击"编辑格式"按钮来修改单位格式。在"格式"对话框中清除"使用项目设置"，然

后从菜单中选择适当的格式设置。

【注意】

颜色方案用于在楼层平面中以图形形式指定房间的各种属性（如面积、体积、名称、部门等）的一组颜色和填充样式。只有在项目中放置了房间才可以使用颜色方案。

（5）"范围"相关设置

楼层平面的"实例属性"对话框中的"范围"栏可对裁剪进行相应设置，如图 1.53 所示。

【注意】

只有将裁剪视图在平面视图中打开，裁剪区域才会生效。如需调整，在视图控制栏同样可以控制裁剪区域的可见及裁剪视图的开启及关闭，如图 1.54 所示。

图 1.53

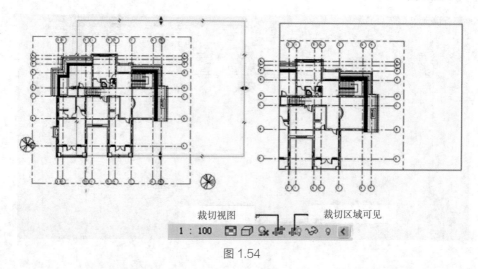

图 1.54

● 裁剪视图：勾选该复选框即裁剪框有效，则范围内的模型图元可见，裁剪框外的模型构件不可见；取消勾选该复选框，则不论裁剪框是否可见，均不裁剪任何构件。

● 裁剪区域可见：勾选该复选框即裁剪框可见，取消勾选该复选框则裁剪框将被隐藏。

【注意】

两个选项均控制裁剪框，但不相互制约，裁剪区域可见或不可见均可设置有效或无效。

7）视图范围设置

单击楼层平面属性对话框中"视图范围"后的"编辑"按钮，打开"视图范围"对话框，进行相应设置，如图 1.55 所示。

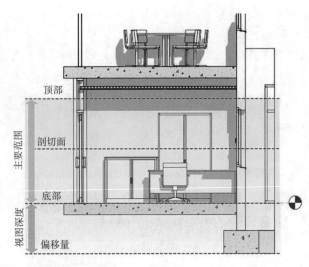

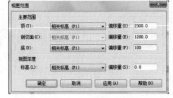

图 1.55

视图范围是可以控制视图中对象的可见性和外观的一组水平平面,水平平面为"顶部平面""剖切面"和"底部平面"。顶裁剪平面和底裁剪平面表示视图范围的最顶部和最底部的部分,剖切面是确定视图中某些图元可视剖切高度的平面,这 3 个平面可以定义视图的主要范围。

【注意】

默认情况下,视图深度与底裁剪平面重合。

8）视图样板的设置

进入楼层平面的"属性"对话框,在各视图的"属性"对话框中指定视图样板。也可以在视图打印或导出之前,在"项目浏览器"的图纸名称上单击鼠标右键,在弹出的快捷菜单中选择"应用样板属性"命令,对视图样板进行设置,如图 1.56 所示。

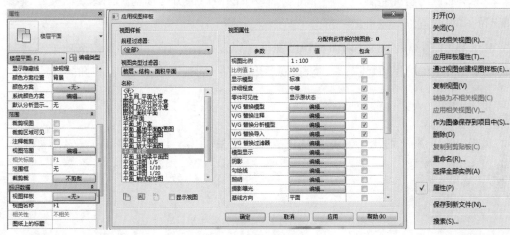

图 1.56

9）"截剪裁"的设置

"属性"对话框中的"截剪裁"用于控制跨多个标高的图元（如斜墙）在平面图中剖切范围下截面位置的设置，如图 1.57 所示。

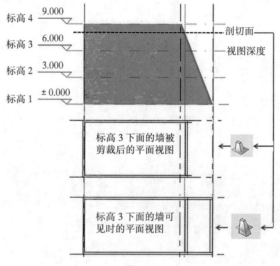

图 1.57

平面视图的"属性"对话框中的"截剪裁"参数可以激活此功能。"截剪裁"中的"剪裁时无截面线""剪裁时有截面线"设置的裁剪位置由"视图深度"参数定义。若设置为"不剪裁"，则平面视图将完整显示该构件剖切面以下的所有部分，而与视图深度无关，该参数是视图的"视图范围"属性的一部分。

图 1.58 显示了该模型的剖切面和视图深度，以及使用"截剪裁"参数选项（"剪裁时无截面线""剪裁时有截面线""不剪裁"）后生成的平面视图表示（立面视图同样适用）。

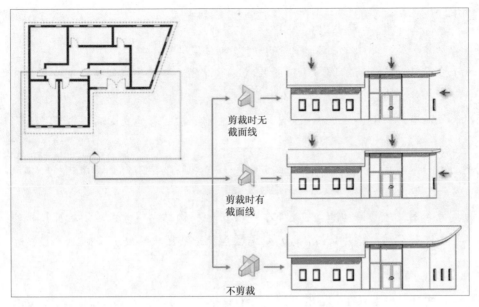

图 1.58

平面区域服从其视图的"截剪裁"参数设置，但遵从自身的"视图范围"设置。按后剪裁平面剪切平面视图时，在某些视图中具有符号表示法的图元（如结构梁）和不可剪切族不受影响，将显示这些图元和族，但不进行剪切，此属性会影响打印。

在"实例属性"对话框中，找到"截剪裁"参数。"截剪裁"参数可用于平面视图和场地视图。单击"值"列中的按钮，此时显示"截剪裁"对话框，如图 1.59 所示。

图 1.59

在"截剪裁"对话框中，选择一个选项，并单击"确定"按钮。

1.3.2　立面图的生成

1）立面的创建

默认情况下，有东、西、南、北 4 个正立面，可以使用"立面"命令创建另外的内部和外部立面视图，如图 1.60 所示。

单击"视图"选项卡下"创建"面板中的"立面"按钮，在光标尾部会显示立面符号（需要切换到平面视图）。在绘图区域移动

图 1.60

光标到合适位置单击放置（在移动过程中，立面符号箭头自动捕捉与其垂直的最近的墙），自动生成立面视图。

选择立面符号，此时显示蓝色虚线为视图范围，拖曳控制柄调整视图范围，包含在该范围内的模型构件才有可能在刚刚创建的立面视图中显示，如图 1.61 所示。

【注意】

①立面符号不可随意删除，删除符号的同时会将相应的立面一同删除。

②4个立面符号围合的区域即为绘图区域，不得超出绘图区域创建模型，否则立面显示将可能会是剖面显示。

③因为立面有远剪裁、裁剪视图等设置，这些都会控制影响立面的视图宽度和深度的设置。

④如图 1.61 所示的右侧，蓝色实线为建议穿过立面符号中心位置，便于理解生成立面的位置和范围。

⑤为扩大绘图区域而移动立面符号时，注意全部框选立面符号，否则绘图区域的范围将有可能没有移动。移动立面符号后还需要调整绘图区域的大小及视图深度。

2）修改立面属性

选择立面符号，可以在立面的"属性"对话框，修改视图设置，如图 1.62 所示。

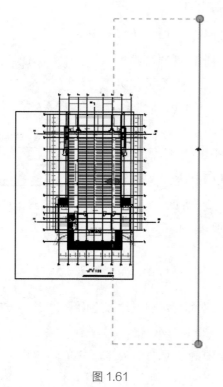

图 1.61

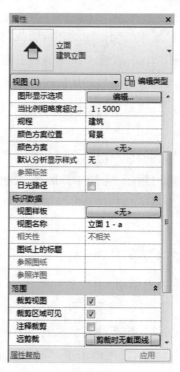

图 1.62

3）创建框架立面

当项目中需创建垂直于斜墙或斜工作平面的立面时，可以创建一个框架立面来辅助设计。

注意，视图中必须有轴网或已命名的参照平面，才能添加框架立面视图。

在"视图"选项卡下"创建"面板中的"立面"下拉列表中，选择"框架立面"工具。

将框架立面符号垂直于选定的轴网线或参照平面，并沿着要显示的视图的方向单击放置，如图 1.63 所示。观察项目浏览器中同时添加了该立面，双击可进入该框架立面。

当需要将竖向支撑添加到模型中时，创建框架立面有助于为支撑创建并选择准确的工作平面。

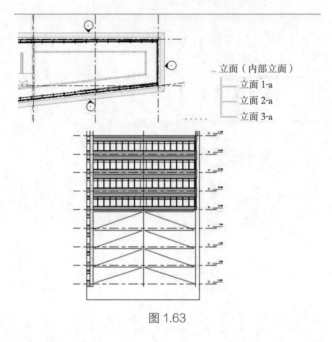

图 1.63

4）平面区域的创建

平面区域：用于当部分视图由于构件高度或深度不同而需要设置与整体视图不同的视图范围而定义的区域；可用于拆分标高平面，也可用于显示剖切面上方或下方的插入对象。

【注意】

平面区域是闭合草图，多个平面区域可以具有重合边但不能彼此重叠。

创建"平面区域"的步骤如下：

①在"视图"选项卡下"创建"面板中打开平面视图下拉列表，选择"平面区域"工具，进行创建平面区域。

②在绘制面板中，选择绘制方式进行创建区域，并在"属性"对话框调整其视图范围，如图 1.64 所示。

图 1.64

③单击"视图范围"后的"编辑"按钮，弹出"视图范围"对话框，以调整绘制区域内的视图范围，确保该范围内的构件在平面中正确显示，如图 1.65 所示。

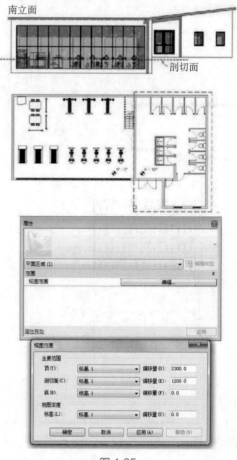

图 1.65

1.3.3 剖面图的生成

1）创建剖面视图

①打开一个平面、剖面、立面或详图视图。

②选择"视图"选项卡下的"创建"，然后单击"剖面"工具。在"剖面"选项卡下的"类型选择器"中选择"详图""建筑剖面"或"墙剖面"。

③将光标放置在剖面的起点处，并拖曳光标穿过模型或族，当到达剖面的终点时单击完成剖面的创建。

④在选项栏上选择一个视图比例。

⑤选择已绘制的剖面线，将显示裁剪区域，如图 1.66 所示，用鼠标拖曳绿色虚线上的视图宽度，调整视图范围。

⑥单击查看方向控制柄⇃可翻转视图查看方向。

⑦单击线段间隙符号，可在有隙缝的或连续的剖面线样式之间切换，如图 1.67 所示。

⑧在项目浏览器中自动生成剖面视图，双击视图名称打开剖面视图，修改剖面线的位置、范围、查看方向时，剖面视图也自动更新。

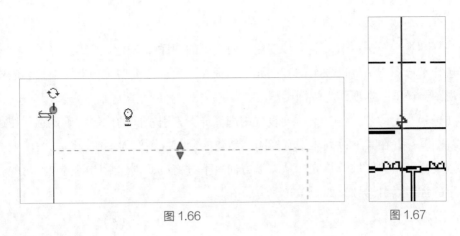

图 1.66　　　　　　　　　　　　　　　　　　　　图 1.67

2）创建阶梯剖面视图

按上述方法先绘制一条剖面线，选择它并在上下文选项卡的剖面面板中选择相应的命令，在剖面线上要拆分的位置单击并拖动鼠标到新位置，再次单击放置剖面线线段。用鼠标拖曳线段位置控制柄调整每段线的位置到合适的位置，自动生成阶梯剖面图，如图 1.68 所示。

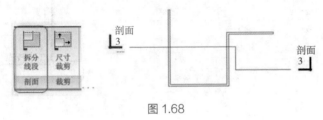

图 1.68

用鼠标拖曳线段位置控制柄到与其相邻的另一段平行线段对齐时，释放鼠标，两条线段合并成一条。

【提示】

阶梯剖面中间转折部分线条的长度可直接通过拖曳端点来调整，线宽可通过上下文选项卡中的管理—设置—对象样式—注释对象中的剖面线的线宽设置来修改。

1.3.4　详图索引、大样图的生成

可以从平面视图、剖面视图或立面视图创建详图索引，然后使用模型几何图形作为基础，添加详图构件。创建索引详图或剖面详图时，可以参照项目中的其他详图视图或包含导入 DWG 文件的绘图视图。

1）使用外部参照图

①使用外部 CAD 图形作为参照图形，首先选择"视图"选项卡，然后单击"创建"面板下的"绘图视图"按钮，弹出"新绘图视图"对话框，为新建的绘图视图命名，设置其比例，单击"确定"按钮弹出新建绘图视图，如图 1.69 所示。

②选择"插入"选项卡，单击"导入"面板下的"导入 CAD"按钮，导入所要参照

的外部 CAD 图形。

③选择"视图"选项卡，单击"创建"面板下的"详图索引"按钮。

④选择"详图索引"选项卡的"图元"面板，然后从"类型选择器"下拉列表中选择"详图视图：详图"选项作为视图类型。

⑤在选项栏上的"比例"下拉列表框中选择详图索引视图的比例，确定选择使用"参照其他视图"，并在其下拉列表中选择刚刚新建的绘图视图作为参照视图。

⑥定义详图索引区域，将光标从左上方向右下方拖曳，创建封闭网格左上角的虚线旁边所显示的详图索引编号，如图 1.70 所示。

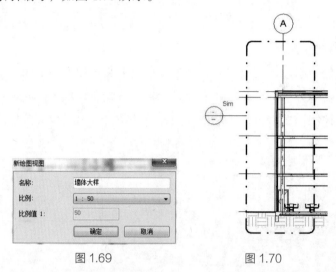

图 1.69　　　　　　　　图 1.70

⑦查看详图索引视图，双击详图索引标头，详图索引视图将显示在绘图区域中，如图 1.71 所示。

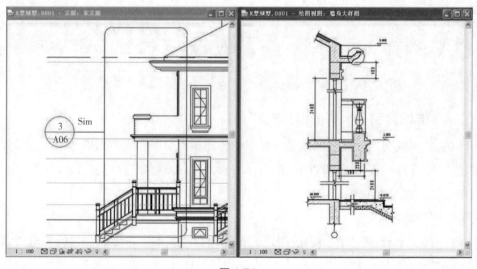

图 1.71

2）创建详图索引详图

①选择"视图"选项卡，单击"创建"面板中的"详图索引"按钮。

②选择"详图索引"选项卡中的"图元"，然后从"类型选择器"下拉列表中选择"详图视图：详图"选项作为视图类型。

③选择"视图"选项卡，"属性"对话框中选择"标准"选项作为"显示模型"，然后单击"确定"按钮。

详图索引视图中的模型图元使用基线设置显示，允许用户直观查看模型几何图形与添加的详图构件之间的差异，使用"注释"选项卡中"详图"面板下的"详细线"来进行绘制其大样图内容。

> **【注意】**
>
> 详图线只在当前视图中显示，不会影响其他视图，如图 1.72 示。

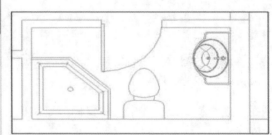

图 1.72

1.3.5　三维视图的生成

1）创建透视图

①打开一层平面视图，选择"视图"选项卡，在"创建"面板下的"三维视图"下拉列表框中选择"相机"选项。

②在"选项栏"设置相机的"偏移量"，即在所在视图单击拾取相机位置点，移动鼠标，再单击拾取相机目标点，即可自动生成并打开透视图。

③选择视图裁剪区域，移动蓝色夹点调整视图大小到合适的范围，如图 1.73 所示。

④如需精确调整视口的大小，应选择视口并选择"修改相机"选项卡，单击"裁剪"面板上的"尺寸裁剪"按钮，弹出"裁剪区域尺寸"对话框，可以精确调整视口尺寸，如图 1.74 所示。

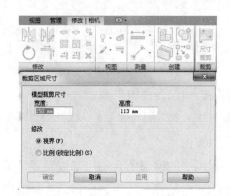

图 1.73　　　　　　　　　　　　　　图 1.74

⑤如果想自由控制相机透视远近的范围，可以在"视图属性"栏中勾选"远裁剪激活"复选框，然后就可以在平面图中调整范围框来控制远近透视的范围。

2）修改相机位置、高度和目标

①同时打开一层平面、立面、三维、透视视图，选择"视图"选项卡，单击"窗口"面板下的"平铺"按钮，平铺所有视图，如图 1.75 所示。

图 1.75

②单击三维视图范围框，此时一层平面显示相机位置并处于激活状态，相机和相机的查看方向就会显示在所有视图中。

③在平面、立面、三维视图中，用鼠标拖曳相机、目标点、远裁剪控制点，调整相机的位置、高度和目标位置。

④也可选择"修改 | 相机"选项卡，单击相机边框，在"相机"一栏中修改"视点高度""目标高度"参数值调整相机，同时也可修改此三维视图的视图名称、详细程度、模型图形样式等。

3）轴测图的创建

进入三维视图，单击三维视图右上角的"主视图"按钮或单击 ViewCube 立方体的顶角，选择适当角度以创建轴测图，如图 1.76 所示。

4）使用"剖面框"创建三维剖切图

除了平、立、剖面演示视图外，还可以用"剖面框"命令创建带阴影的三维剖切图。

①创建剖切等轴测视图，如图 1.77 所示。

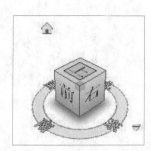

图 1.76

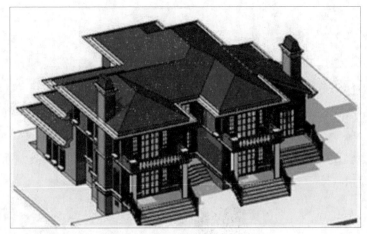

图 1.77

②复制三维视图作为演示视图，单击视图右上角的"主视图"按钮或单击 ViewCube 立方体的顶角选择适当角度以创建轴测图，如图 1.78 所示。

③设置阴影，根据需要打开轮廓，生成完整的西南等轴测演示视图。

④复制该演示视图为新的演示视图，在绘图区单击鼠标右键并在弹出的快捷菜单中选择"视图属性"命令，勾选"剖面框"复选框，打开剖面框。

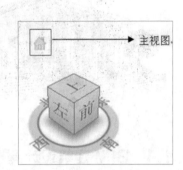

图 1.78

⑤拖曳剖面框面上的三角形夹点，调整剖面框范围到需要的楼层或侧面剖切位置，生成剖切等轴测演示视图，如图 1.79 所示。

⑥在绘图区单击鼠标右键，在弹出的快捷菜单中选择"视图属性"命令，在弹出的"视图属性"对话框中选择剖面框。单击鼠标右键，在弹出的快捷菜单中选择"在视图中隐藏"→"图元"命令，如图 1.79 所示。

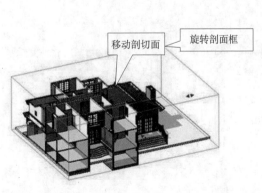

图 1.79

5）创建剖切透视视图

①按上述方法创建室外透视图。

②按上述方法使用"模型图形显示"的步骤设置阴影，根据需要打开侧轮廓，生成完整的透视图演示视图，如图 1.79 所示。

③复制该演示视图为新的演示视图，在绘图区单击鼠标右键，在弹出的快捷菜单中选择"视图属性"命令，勾选"剖面框"复选框，打开剖面框。

④拖曳剖面框面上的三角形夹点，调整剖面框范围到需要的楼层或侧面剖切位置，生成剖切透视图演示视图，如图 1.80 所示。

图 1.80

1.4　BIM 建筑设计建模规范

1.4.1　建模规定

1）模型拆分规定

①按建筑分区。

②按楼号。

③按施工缝。

④按单个楼层或一组楼层。

⑤按建筑构件，如外墙、屋顶、楼梯、楼板。

2）文件夹命名规定

①中心文件创建利用局域网在服务器中由管理员建立子项目名称文件夹（依据计划表的子项目名称来建），设计人员在子项目名称文件夹中建立项目名称。若一个子项中含有多个分子项，可以在子项目文件夹中并列建立另一个分子项文件。

②存到本机上的文件命名规则是在分子项名称后加"本地"两字。

③各建模人员原文件夹与此命名相同。

3）模型轴网、标高与单位规定

①统一坐标系。建筑、结构和机电统一采用一个轴网文件，保证模型整合时能够对齐、对正。

②使用相对标高，±0.000 作为原始坐标点，各专业（建筑、结构、机电和公共专业）

使用自己的相对标高。

③单位统一为 mm。

1.4.2　模型族类型命名方法

1）编码说明

①方框内的编码表示可以按照要求根据实际情况更改。

②无方框的编码表示必须严格按照要求使用特定字符。"F"为半角英文大写字母；"_"为半角下划线符号（使用 shift+_ 输入），为更方便识别，请严格遵守大小写规则。

2）族的分类

①根据建筑项目包含的各种构件类目，将族分类如表 1.1 所示。

表1.1　族分类及对应类目编码表

族分类		族类目编码	族分类	族类目编码
墙	内墙	NQ	天花板	TP
	外墙	WQ	窗	C
	其他隔墙	GQ	门	M
柱		Z	楼梯	T
楼面		LM	屋面	WM
地面		DM		

②构件编号与建筑图、建筑构造统一做法表，建筑构造选用表及门窗表应该相互对应。

③墙的命名。以位于 13 层标高至 14 层标高之间，内墙在图纸中的编号为 NQ1，厚度为 200 mm 的填充墙内墙（名称：13F _ NQ _ NQ1 _ 200）为例，解释各编码的含义（图 1.81）。

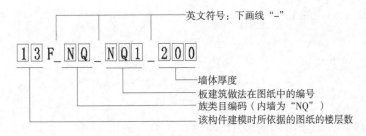

图 1.81

④楼地面的命名。以板顶标高 25 层标高，建筑做法编号为"楼 4"的楼面（名称：25 F _ L M _ 楼 4）为例，解释各编码的含义（图 1.82）。

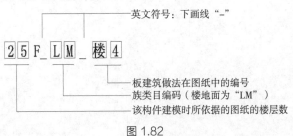

图 1.82

⑤楼梯的命名。以从 18 层至 19 层，图纸编号为 LT3 的钢筋混凝土现浇四跑楼梯中的其中两跑（名称：18F_T_LT3a）为例，解释各编码的含义（图 1.83）。

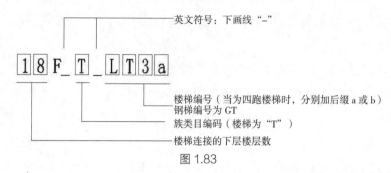

图 1.83

⑥天棚的命名。以板顶标高 25 层标高，建筑做法编号为"棚 4"的天棚（名称：15F＿TP＿棚 4）为例，解释各编码的含义（图 1.84）。

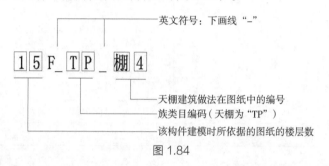

图 1.84

⑦屋面的命名。以下以建筑做法编号为"屋 4"的屋面（名称：WM_屋 4）为例，解释各编码的含义（图 1.85）。

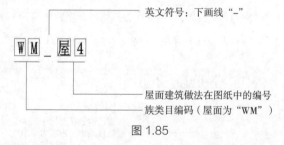

图 1.85

⑧门窗的命名。以下以门窗表中编号为"C_1"的窗（名称：15F_C_C_1）为例，解释各编码的含义（图 1.86）。

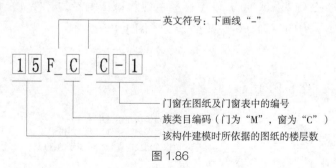

图 1.86

1.4.3 BIM 建模精细度

BIM 模型精细度是表示模型包含的信息的全面性、细致性程度及准确性的指标。几何精度采用两种方式来衡量：一是反映对象真实几何外形、内部构造及空间定位的精确程度；二是采用简化或符号化方式表达其设计含义的准确性，在满足项目需求的前提下，宜采用较低的建模精细度，同时应符合建筑工程量计算要求及满足现行有关工程文件编制深度规定。

模型的精细程度描述了一个 BIM 模型构件单元从最低级的近似概念化的程度发展到最高级的演示级精度的步骤。美国建筑师协会（AIA）为规范 BIM 参与各方及项目各阶段的界限，在其 2008 年的文档 E202 中定义了 LOD 的概念。这些定义可以根据模型的具体用途进行进一步的发展。LOD 的定义可以用于两种途径：确定模型阶段输出结果（Phase Outcomes）以及分配建模任务（Task Assignments）。

LOD 被定义为 5 个等级，从概念设计到竣工设计，已经足够来定义整个模型过程。但为给未来可能会插入等级预留空间，定义 LOD 为 100~500。

建筑工程设计信息模型精细度分为 5 个等级，如表 1.2 所示。

表 1.2　建筑工程设计信息模型精细度

等　级	英文名	简　称
100 级精细度	Level of Develoment 100	LOD100
200 级精细度	Level of Develoment 200	LOD200
300 级精细度	Level of Develoment 300	LOD300
400 级精细度	Level of Develoment 400	LOD400
500 级精细度	Level of Develoment 500	LOD500

在日常使用中，可根据使用需求拟订模型精细度。一些常规的建筑工程阶段和使用需求，其对应的模型精细度如表 1.3 所示。

表1.3　各阶段对精细度的要求

阶　段	建模精细度	阶段用途
勘察、概念化设计	LOD100	项目可行性研究 项目用地许可
方案设计	LOD200	项目规划评审报批 建筑方案评审报批 设计概算
初步设计、施工图设计	LOD300	专项评审报批 节能初步评估 建筑造价估算 建筑工程施工许可 施工准备 施工招投标计划 施工图招标控制价

续表

阶　　段	建模精细度	阶段用途
虚拟建造、产品预制、采购、验收、交付	LOD400	施工预演 产品选用 集中采购 施工阶段造价控制
项目竣工、运维	LOD500	精装修 施工结算 运行维护

我国建筑工程设计信息模型建模精细度分为 4 个等级，如表 1.4 所示。

表 1.4　我国建筑工程设计信息模型建模精度等级表

建模精度等级	英文名	简称	备　　注
1 级	Grade 1	G1	满足二维化或者符号化识别需求的建模精度
2 级	Grade 2	G2	满足空间占位、主要颜色等粗略识别需求的建模精度
3 级	Grade 3	G3	满足建造安装流程、采购等精度识别需求的建模精度
4 级	Grade 4	G4	满足展示、产品管理、制造加工准备等高精度识别需求的建模精度

《建筑工程设计信息模型交付标准》对建筑工程设计信息模型各组成系统的各类信息粒度及建模精度作了具体要求。

1.5　点　云

1.5.1　使用项目中的点云文件

放置或编辑模型图元时，将点云文件链接到项目可提供参照。

在涉及现有建筑的项目中，需要捕获某一栋建筑的现有情况，这通常是一项重要的项目任务，可使用激光扫描仪对现有物理物体（如建筑）表面的点采样，然后将该数据作为点云保存。此特定激光扫描仪生成的数据量通常很大（由几亿个到几十亿个点），因此 Revit 模型将点云作为参照链接，而不是嵌入文件。为提高效率和改进性能，在任何给定时间内，Revit 仅使用点的有限子集进行显示和选择，可以链接多个点云，可以创建每个链接的多个实例，如图 1.87 所示。

图 1.87

点云的行为通常与 Revit 内的模型对象类似，可以显示在各种建模视图（如三维视图、平面视图和剖面视图）中，也可以选择、移动、旋转、复制、删除、镜像等，还可以按平面、剖面和剖面框剪切，使用户可以轻松地隔离云的剖面。

● 控制可见性：在"可见性 / 图形替换"对话框的"导入的类别"选项卡上，以及以每个图元为基础控制点云的可见性。可以打开或关闭点云的可见性，但无法更改图形设置，如线、填充图案或半色调。

● 创建几何图形：捕捉功能简化了基于点云数据的模型创建。Revit 中的几何图形创建或修改工具（如墙、线、网格、旋转、移动等），可以捕捉到在点云中动态检测到的隐含平面表面。Revit 仅检测垂直于当前工作平面（在平面视图、剖面视图或三维视图中）的平面并仅位于光标附近。但在检测到工作平面后，该工作平面便用作全局参照，直到视图放大或缩小为止。

● 管理链接的点云："管理链接"对话框包含"点云"选项卡，该选项卡列出所有点云链接（类型）的状态，并提供与其他类链接相似的标准"重新载入 / 卸载 / 删除"功能。

● 在工作共享环境中使用点云：为提高性能和降低网络流量，对需要使用相同点云文件的用户，建议将文件复制到本地。只要每位用户的点云文件本地副本的相对路径相同，则当与"中心"同步时链接将保持有效。相对路径在"管理链接"对话框中显示为"保存路径"，并与在"选项"对话框的"文件位置"选项卡上指定的"点云根路径"相对。

1.5.2 插入点云文件

将带索引的点云文件插入 Revit 项目中，或将原始格式的点云文件转换为 .pcg 索引的格式。

① 单击"插入"选项卡下"链接"面板中的 （点云）按钮。

【注意】

创建索引文件之后，必须再次使用点云工具插入文件。

②选择要链接的文件，单击打开。

对于 .pcg 格式的文件，Revit 会检索当前版本的点云文件，并将文件链接到项目。对于原始格式的文件，应执行以下操作：

①单击"是"按钮使 Revit 创建索引 .pcg 文件。

②索引建立过程完成时，单击"关闭"按钮，再次使用点云工具插入新的索引文件。

【注意】

除了绘图视图和明细表视图，点云在所有视图中都可见。

1.5.3 点云属性

点云属性包括点云的参数名称、值和说明，各值都可以修改。

1）点云类型属性

比例：指定从源单位到英尺的转换系数。例如，如果源单位为米，则比例值为 3.2808；如果源单位为英尺，则比例值为 1；如果在点云文件的导入过程中，源数据的单位未正确确定，则可以修改比例值。

2）点云实例属性

①创建的阶段：标识在哪个阶段点云文件被添加到建筑模型中。该属性的默认值和当前视图的"阶段"值相同，可以根据需要指定不同的值。

②拆除的阶段：标识在哪个阶段点云文件被拆除，默认值为"无"。拆除图元时，此属性更新为拆除图元视图的当前阶段，也可以通过将"拆除的阶段"属性设置为其他值来拆除图元，详细内容请参见拆除图元。

1.6 构造建模

Revit 在两种关键领域中支持虚拟构造建模工作流：

● 零件。可以将模型图元分割为可独立计划、标记、过滤和导出的单独零件。可以将零件分成较小的零件，它们将自动更新，以反映衍生出它们的图元所做的任何修改，修改零件对原始图元没有任何影响。

● 部件。可以选择任意数量的图元实例或图元组以创建部件。部件构成一种不同类别的 Revit 图元，可以对其进行编辑、标记、计划和过滤。在创建部件时，可以选择一个实例并生成一种或多种详图视图，根据需要将它们自动放置到图纸上。

1.6.1　零件的绘制

在 Revit 中，零件图元通过将设计意图模型中的某些图元分成较小的零件来支持构造建模过程。这些零件及从其衍生的任何较小的零件都可以单独列入明细表、标记、过滤和导出，零件可由构造建模人员用于计划更复杂的 Revit 图元的交付和安装。

可以根据具有分层结构的图元生成零件，如墙（不包括叠层墙和幕墙）、楼层（不包括已编辑形状的楼层）、屋顶（不包括具有屋脊线的屋顶）、天花板、结构楼板基础。

修改衍生零件的原始图元时，系统将自动更新和重新生成这些零件，此类编辑可以包括添加／删除图层或更改墙的类型、图层厚度、墙的方向、几何图形、材质或洞口。

删除衍生零件的原始图元将删除所有这些零件及从中衍生的任何零件。

删除零件还将删除从原始图元衍生的所有其他零件。

复制已衍生零件的原始图元还将复制所有相关的零件。

1）创建零件

可以使用以下任一工作流，通过从绘图区域中选择的图元来创建零件。对于包含图层或子构件的图元（如墙），将会为这些图层创建各个零件；对于其他图元，则创建一个单独的零件图元。任一情况下，生成的零件随后都可以分割成更小的零件。

①在绘图区域中，选择要通过其创建零件的图元。

②单击"修改|< 图元类型 >"选项卡下"创建"面板中的 （创建零件）按钮。

③单击"修改"选项卡下"创建"面板中的 （创建零件）按钮。

④在绘图区域中选择要通过其创建零件的图元。

⑤当工具处于活动状态时，只有可用于创建零件的图元才可供选择；不可选择的图元显示为半色调。

⑥按【Enter】键或空格键完成操作。

2）分割零件

某个图元被指定为零件后，可通过绘制分割线草图或选择与该零件相交的参考图元，将该零件分割为较小零件。

①在绘图区域中选择零件或要分割的零件。

②单击"修改|零件"选项卡下"零件"面板中的 （分割零件）按钮，"修改|分割"选项卡显示在"绘制"面板上选定的"线"工具。

③视需要使用"工作平面"面板上的工具显示或更改活动的工作平面，将在该工作平面上绘制分割的几何图形的草图。

【注意】

单个直线和曲线没有形成闭合环，但必须使零件或另一分割线的两个边界相交，以便定义单独的几何区域。

④指定绘制线的起点和终点，或根据需要选择其他绘制工具并绘制分割几何图元的草图。

⑤继续编辑生成的分割，或单击 ✔（完成）按钮以退出编辑模式。

⑥在绘图区域中选择零件或要分割的零件。

⑦单击"修改 | 零件"选项卡下"零件"面板中的 （分割零件）按钮。

⑧单击"修改 | 分割"选项卡下"参照"面板中的 （相交参照）按钮。

⑨在"相交命名的参照"对话框中，根据需要使用"过滤器"下拉列表控制，查看可用于分割选定零件的标高、轴网和参照平面。

⑩选择所需的参照，并根据需要输入正或负偏移。

⑪单击"确定"按钮。

⑫继续编辑生成的分割，或单击 ✔（完成）按钮以退出编辑模式。

3）删除零件

删除零件时，所有关联的零件也会被删除，从中创建已删除零件的原始图元或零件将变为可见，而不管视图的属性中"零件可见性"的设置。

①在绘图区域中选择零件。

②按【Delete】键或单击"修改 | 零件"选项卡下"修改"面板中的 ✘（删除）按钮。

4）控制零件的可见性

可以在特定视图中显示零件及用来创建它们的图元。在"属性"选项卡上的"图形"下，从"部件可见性"下拉列表中选择以下选项之一：

①显示部件。各个零件在视图中可见，当光标移动到这些零件上时，它们将高亮显示。用来创建零件的原始图元可能会显示为这些零件的轮廓，但无法选择或高亮显示。

②显示原状态。各个零件不可见，但用来创建零件的图元是可见的，且可以选择。而"创建部件"工具处于活动状态时，原始图元将不可选择。若要进一步分割原始图元，需要选择它的一个零件，然后使用"编辑分区"工具，详细内容请参见编辑分区。

③显示两者。零件和原始图元均可见，并能够单独高亮显示和选择。同样，当"创建部件"工具处于活动状态时，将无法选择原始图元。

5）控制零件的外观

零件构成一个顶级 Revit 类别，它具备自己的对象样式，用于定义显示零件的默认截面线和投影线宽度、线颜色、线型图案和材质。可以在对象样式中修改这些设置，或为特定视图或特定零件。

【注意】

如果在视图的"可见性 / 图形替换"对话框中关闭零件的可见性，则"部件可见性"属性将自动设置为"显示原状态"。同样，如果将此设置改为"显示部件"，则"可见性 / 图形替换"对话框中的零件将自动启用可见性。

6）零件实例属性

要修改部件的实例属性，可按修改实例属性中所述修改相应参数的值，如图1.88所示。

7）编辑零件几何图形

通过拖曳选定零件的造型操纵柄，可以对其几何图形进行编辑。从墙的图层或其他主体图元创建零件时，使用此技术准备可有效显示各层组合的视图。在默认情况下，不显示造型操纵柄的零件。需要对零件几何图形进行编辑时，可使用以下步骤显示造型操纵柄：

①在绘图区域中，选择要对其几何图形进行编辑的零件。

②在"属性"选项卡的"标识数据"下，选择"显示造型操纵柄"选项。

③根据需要，拖曳造型操纵柄，以便编辑零件几何图形。

图1.88

【注意】

如果随后便删除由原始图元衍生而成的任何零件，则原始图元不会保留对零件几何图形进行的任何更改。

1.6.2　部件的绘制

利用 Revit 图元的部件类别，可以在模型中识别、分类、量化和记录唯一图元组合，以便支持构造工作流。可以将任意数量的模型图元合并来创建部件，然后可以对其进行编辑、标记、计划和过滤。

每个唯一部件都作为一种类型列于项目浏览器之中，从中可以将该类型的实例放置在图形中，具体操作为：拖动该类型的实例或使用快捷菜单上的"创建实例"命令，可以在项目浏览器中选择部件类型，或在绘图区域选择该类型的一个实例，然后生成部件的一种或多种独立视图及零件列表、材质提取和图纸。部件视图被列在项目浏览器中，可以根据需要将它们拖到部件图纸视图中。

1）区分部件类型

每次创建唯一部件时，项目浏览器中都将添加一种新的部件类型。如果编辑现有部件类型的实例，使其变为唯一的部件，则也将添加新的部件类型。在新部件或已编辑部件与现有部件类型精确匹配时，它将作为该类型的一个实例被添加到模型中。

要使 Revit 认为部件匹配，它们必须要满足以下条件：

①它们必须具有相同的"命名类别"属性值。

②它们必须包含相同数量的图元，这些图元属于相同的类别和类型，而且影响几何形状的属性值也相同。

③在每个部件中，对应的图元必须位于相同的位置。

例如，假设使用"墙"作为命名类别，分别创建两个"墙加窗"的部件。如果在这两个部件中，窗的类型相同并位于墙上的同一位置，而且墙的类型和尺寸也相同，则 Revit 将检测到匹配，并且这两个部件都成为同一部件类型的实例。但如果其中一个部件使用"窗"作为命名类别，就不匹配，并且将创建一个单独的部件类型（假设没有其他匹配）。

【注意】

大多数模型图元（如墙、楼板、屋顶、族实例、零件等）都可以包含在部件中。但不能包含下列图元：注释和详图项目、已经包含在另一个部件中的部件和图元、复杂的结构（桁架、梁系统、幕墙系统、幕墙、叠层墙）、具有不同设计选项的图元、编组、导入对象、图像、链接或链接中的图元、体量、MEP 专有图元（风管、管道、线管、电缆桥架和管件、HVAC 区）、模型线、房间、结构荷载、荷载工况和内部荷载。

2）创建部件

可以使用以下任一工作流，通过从绘图区域中选择的图元来创建部件。

①在绘图区域中选择要包含在部件中的图元。

②单击"修改 | < 图元类型 >"选项卡下"创建"面板中的 /⊞（创建部件）按钮。

③在"新部件"对话框中，如果部件是唯一的，则可以编辑默认"类型名称"值。该默认名称是通过在指定的命名类别中分配的最后一个部件类型名称后，附加一个序列号而自动生成的。如果部件包含其他类别的图元，则可以为命名类别选择另一个值，此时如果部件仍具有唯一性，则可以编辑该类型的名称。单击"确定"按钮，完成创建部件和将新部件类型添加到"项目浏览器"中。

【注意】

如果已存在匹配的部件，则"类型名称"是只读的，而单击"确定"按钮将创建该部件类型的另一个实例。但是，如果新部件包含其他类别的图元，则可以为命名类别选择另一个值。如果更改命名类别后部件是唯一的，则可以编辑其类型名称（如果需要），然后单击"确定"按钮，将新部件类型添加到"项目浏览器"中。

④单击"修改"选项卡下"创建"面板中的⊞（创建部件）按钮，"添加 / 删除"工具栏将显示为会默认选中"添加"选项。

⑤在绘图区域中，选择要包含在部件中的图元。

⑥单击"完成"按钮退出编辑模式。

3）编辑部件

可以将图元添加到部件中，从部件中删除图元，或在部件内的选定图元上执行某些编辑。

①在项目视图中选择部件。

②单击"修改 l 部件"选项卡下"部件"面板中的 ▦ （添加 / 删除）按钮，此时显示浮动"添加 / 删除"工具栏，在默认情况下选择"添加"工具 🔲 。

③选择要添加到部件的图元,或单击 🔲 (删除)按钮,然后选择要从部件中删除的图元。

④单击 ✔ （完成）按钮。

⑤在部件上移动光标以便在绘制区域中高亮显示。

⑥按【Tab】键，直到高亮显示要编辑的图元。

⑦单击以选择该高亮显示的图元。

现在，可以移动图元、修改其属性，或执行其他典型的图元编辑。

4）分解部件

可以随时使用以下步骤删除所选部件中各个图元之间的部件关系：

①在绘图区域中选择部件。

②单击"修改 l 部件"选项卡下"部件"面板中的 🔲 （分解）按钮。

【注意】

分解后的图元仍保留在模型中，相同部件类型的其他实例不受影响。如果分解的部件是其所属类型的最后一个部件或该类型仅有一个部件，则该类型及其关联的任何部件视图都将从项目中删除。

5）删除部件

①删除部件实例时，该部件中的所有图元都将被删除。如果删除某个部件类型的最后一个实例，则该类型也会被删除。在项目视图中选择部件实例，按【Delete】键或单击"修改 l 部件"选项卡下"修改"面板中的 ✖ （删除）按钮，即可将该实例删除。

②删除部件类型时，该部件的所有实例及任何相关的部件视图或图纸都将被删除。在"项目浏览器"中的"部件"下，在部件名称上单击鼠标右键，在弹出的快捷菜单中选择"删除"命令，然后在出现"删除选定的部件类型，将删除其所有实例"的提示时，单击"确定"按钮，即可将该类型删除。

6）部件类型属性

"类型"属性是用户按照需要为每个唯一的部件类型定义的，要指定或修改部件的类型属性，可更改修改类型属性中描述的相应参数的值。同样，要修改部件的实例属性，可按修改实例属性中的所述修改相应参数的值，如图 1.89 所示。

【注意】

修改部件类型属性会影响到项目中所有该类型。

图 1.89

7）创建部件视图和图纸

可以创建某个部件类型的部件视图和部件图纸，但这些图形始终与此类型的特定实例相关，并且一个类型仅有一个实例可以拥有部件视图。如果将部件实例从项目中删除（或拆卸）时，所有关联的部件视图也将被删除。

除了注释，部件详图视图仅包含组成部件实例的图元，可以将注释添加到部件视图，但不能添加任何模型图元，也不能编辑部件或其构件图元。

用户可在"创建部件视图"对话框中，指定想要的特定视图和其他参数，该对话框可从以下任一位置访问：

①在项目视图中选择部件类型的实例，然后单击"修改 | 部件"选项卡下"部件"面板中的📰（创建视图）按钮。

【注意】

如果同一类型的另一个实例已经有了部件视图，则"创建视图"按钮不可用。

②在"项目浏览器"中选择部件类型，单击鼠标右键，在弹出的快捷菜单中选择"创建部件视图"命令。视图会与创建的首个部件实例相关联，而在项目视图中选定的其他实例则无法使用"创建视图"工具。

在"创建部件视图"对话框中，选择所需的视图类型和所需的缩放，并在选定"图纸"后指定标题栏信息。单击"确定"按钮时，视图将添加到"项目浏览器"中"部件"类别的部件类型名称下。

部件视图始终与创建时对应的部件实例相关联。如果编辑部件实例导致实例类型改变，则所有属于该被编辑实例的部件视图都将在"项目浏览器"节点下列出，并从属于新的部件类型。如果新类型已拥有部件视图，则系统会发出错误消息，通知用户一组视图将被删除。

　　如果用户在部件视图内创建其他剖面视图,则它们将继承部件视图与部件实例的关系。要将部件视图放置到图纸上,应执行以下操作:

　　①在"项目浏览器"的"部件"中,展开部件类型的节点,然后双击图纸的名称。

　　②将所需的详图视图从"项目浏览器"拖到打开的绘图视图,然后释放鼠标即可显示详图视图的轮廓。

　　③根据需要,移动光标以定位该轮廓,然后单击即可将该视图放置在图纸上。

【注意】

也可以在部件图纸中放置绘图视图。

第 2 章　标高与轴网

在本章中，需重点掌握轴网和标高的 2D、3D 显示模式的不同作用，影响范围命令的应用，轴网和标高标头的显示控制，如何生成对应标高的平面视图等功能的应用。

标高用来定义楼层层高及生成平面视图，标高并不是必须作为楼层层高。轴网用于为构件定位，在 Revit 中轴网确定了一个不可见的工作平面。轴网编号及标高符号样式均可定制修改。目前，Revit 软件可以绘制弧形和直线轴网，不支持折线轴网。

2.1　标　高

1）修改原有标高和绘制添加新标高

进入任意立面视图，通常样板中会有预设标高。如需修改现有标高高度，单击标高符号上方或下方表示高度的数值，如"室外标高"高度数值为".0.450"，单击后该数字变为可输入，将原有数值修改为".0.3"。

【注意】

标高单位通常设置为"m"，如图 2.1 所示。

F3	6.300
F2	3.300
F1	± 0.000
0F	-0.450
-1F	-3300
-1F-1	-3500

图 2.1

标高名称按 F1，F2，F3，…自动排序。

【注意】
标高名称和样式可以通过修改标高标头族文件来设定。

绘制添加新标高，同时在"项目浏览器"中自动添加一个"楼层平面"视图、"天花板平面"视图和"结构平面"视图，如图 2.2 所示。

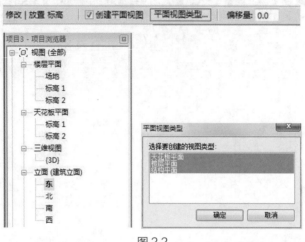

图 2.2

【注意】
标高名称的自动排序按照名称的最后一个字母排序。

如需修改标高高度，则执行以下操作：单击需要修改的标高（如 F3），在 F2 与 F3 之间会显示一条蓝色临时尺寸标注，单击临时尺寸标注上的数字，重新输入新的数值并按回车键，即可完成标高高度的调整，如图 2.3 所示（标高高度距离的单位为 mm）。

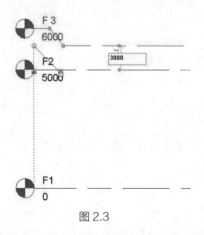

图 2.3

2）复制、阵列标高

选择一层标高，选择"修改标高"选项卡，然后在"修改"面板中选择"复制"或"阵列"命令，可以快速生成所需标高。

①选择标高 F3，单击功能区的"复制"按钮，在选项栏勾选"约束"及"多个"复选框，如图 2.4 所示。光标回到绘图区域，在标高 F3 上单击，并向上移动，此时可直接用键盘输入新标高与被复制标高的间距数值，如"3000"，单位为 mm，输入后按回车键，即完成一个标高的复制。由于勾选了选项栏上的"多个"复选框，所以可继续输入下一个标高间距，而无须再次选择标高并激活"复制"工具，如图 2.5 所示。

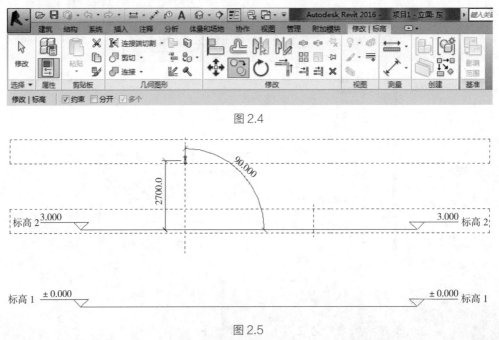

图 2.4

图 2.5

【注意】

选项栏的"约束"选项可以保证正交，如果不选择"复制"选项将执行移动的操作。选择"多个"选项，可以在一次复制完成后不需激活"复制"命令而继续执行操作，从而实现多次复制。

通过以上"复制"的方式完成所需标高的绘制，结束复制命令可以单击鼠标右键。在弹出的快捷菜单中选择"取消"命令，或按【Esc】键结束复制命令。

【注意】

通过复制的方式生成标高，可在复制时输入准确的标高间距，但观察"项目浏览器"中，并未生成相应的楼层平面。

②用"阵列"的方式绘制标高，可一次绘制多个间距相等的标高，此种方法适用于多层或高层建筑。选择一个现有标高，将鼠标移动至"功能区"，选择"阵列"工具中的，设置选项栏，取消勾选"成组并关联"复选框，输入"项目数"为"6"，即生成包含被阵列对象在内的共 6 个标高。也可以勾选"约束"复选框，以保证正交，如图 2.6 所示。

修改 | 标高　〽 ⇕ □ 成组并关联　项目数：6　移动到：⦿ 第二个　○ 最后一个　□ 约束　激活尺寸标注

图 2.6

设置完选项栏后，单击新阵列标高，向上移动，输入标高间距 "3000" 后按回车键，将自动生成包含原有标高在内的 6 个标高。

【注意】

如勾选 "成组并关联" 复选框，阵列后的标高将自动成组，需要编辑该组才能调整标高的标头位置、标高高度等属性。

③为复制或阵列标高添加楼层平面。

④观察 "项目浏览器" 中 "楼层平面" 下的视图，如图 2.7 所示，通过复制及阵列的方式创建的标高均未生成相应平面视图，同时观察立面图。有对应楼层平面的标高标头为蓝色，没有对应楼层平面的标头为黑色，因此双击蓝色标头，视图将跳转至相应平面视图，而黑色标高不能引导跳转视图。

如图 2.8 所示，选择 "视图" 选项卡，然后在 "平面视图" 面板中选择 "楼层平面" 命令。

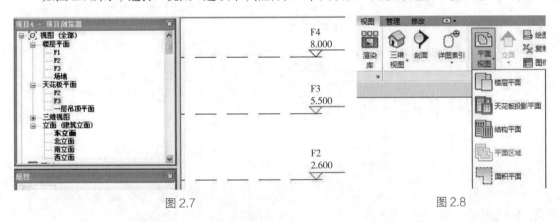

图 2.7　　　　　　　　　　　　　　　图 2.8

⑤在弹出的 "新建平面" 对话框中单击第一个标高，再按住【Shift】键单击最后一个标高，以上操作将选中所有标高，单击 "确定" 按钮。再次观察 "项目浏览器"，所有复制和阵列生成的标高都已创建了相应的平面视图，如图2.9所示。

3）编辑标高

①选择任意一根标高线，会显示临时尺寸、一些控制符号和复选框，如图 2.10 所示。可以编辑其尺寸值、单击并拖曳控制符号，还可整体或单独调整标高标头位置、控制标头隐藏或显示、标头偏移等操作（如何操作 2D 和 3D 显示模式的不同作用详见 2.2 节轴网部分相关内容）。

②选择标高线，单击标头外侧方框，即可关闭 / 打开轴号显示。

③单击标头附近的折线符号，偏移标头，单击蓝色 "拖曳点"，按住鼠标不放，调整标头位置。

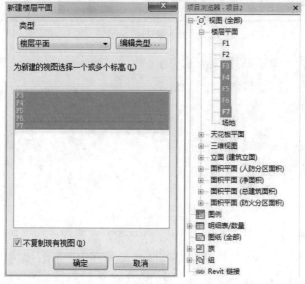

图 2.9

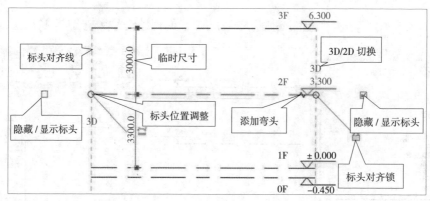

图 2.10

2.2　轴网

1）绘制轴网

选择"建筑"选项卡,然后在"基准"面板中选择"轴网"命令,单击起点、终点位置,绘制一根轴线。绘制第一根纵轴的编号为 1,后续轴号按 1,2,3,…自动排序;绘制第一根横轴后单击轴网编号将其改为"A",后续编号将按照 A,B,C,…自动排序,如图 2.11 所示。软件不能自动排除"I"和"O"字母作为轴网编号,需手动排除。

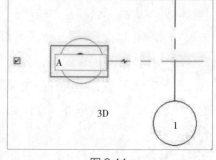

图 2.11

2）用拾取命令生成轴网

可调用 CAD 图纸作为底图进行拾取。注意,轴网只需在任意平面视图绘制,其他标高视图均可见。

3）复制、阵列、镜像轴网

①选择一根轴线，单击工具栏中的"复制""阵列"或"镜像"按钮，可以快速生成所需的轴线，轴号自动排序。

【注意】

①～③轴线以轴线④为中心镜像同样可以生成⑤～⑦轴线，但镜像后⑦～⑤轴线的顺序将发生颠倒，即轴线⑦将在最左侧，轴线⑤将在右侧。因为在对多个轴线进行复制或镜像时，Revit 默认以复制原对象的绘制顺序进行排序，因此，绘制轴网时不建议使用镜像的方式，如图 2.12 所示。

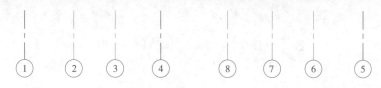

图 2.12

②选择不同命令时，选项栏中会出现不同选项，如"复制""多个"和"约束"等。

③阵列时，注意取消勾选"成组并关联"复选框，因为轴网成组后修改将会相互关联，影响其他轴网的控制。

【建议】

轴网绘制完毕后，选择所有的轴线，自动激活"修改轴网"选项卡。在"修改"面板中选择"锁定"命令锁定轴网，以避免以后工作中错误操作移动轴网位置。

4）尺寸驱动调整轴线位置

选择任何一根轴网线，会出现蓝色的临时尺寸标注，单击尺寸即可修改其值，调整轴线位置，如图 2.13 所示。

5）轴网标头位置调整

选择任何一根轴网线，所有对齐轴线的端点位置会出现一条对齐虚线，用鼠标拖曳轴

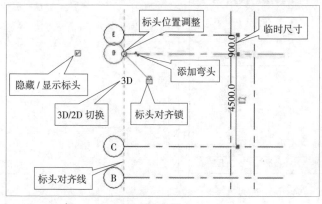

图 2.13

线端点，所有轴线端点同步移动。

①如果只移动单根轴线的端点，则先打开对齐锁定，再拖曳轴线端点。

②如果轴线状态为"3D"，则所有平行视图中的轴线端点同步联动，如图 2.14（a）所示。

③单击切换为"2D"，则只改变当前视图的轴线端点位置，如图 2.14（b）所示。

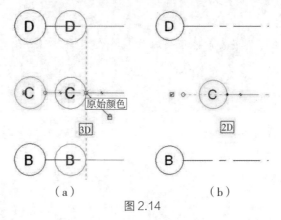

（a）　　　　　　　　　　（b）

图 2.14

6）轴号显示控制

①选择任何一根轴网线，单击标头外侧方框 ☑ ，即可关闭 / 打开轴号显示。

②如需控制所有轴号的显示，可选择所有轴线，将自动激活"修改轴网"选项卡。在"属性"面板中选择"类型属性"命令，弹出"类型属性"对话框，在其中修改类型属性，单击端点默认编号的"√"标记，如图 2.15 所示。

③除可控制"平面视图轴号端点"的显示，在"非平面视图轴号（默认）"中还可以设置轴号的显示方式，控制除平面视图以外的其他视图，如立面、剖面等视图的轴号，其显示状态为顶部、底部、两者或无显示，如图 2.16 所示。

图 2.15

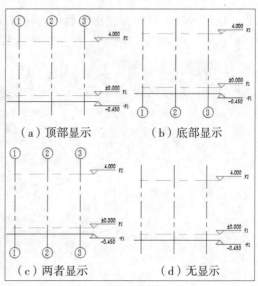

（a）顶部显示　　　　（b）底部显示

（c）两者显示　　　　（d）无显示

图 2.16

④在轴网的"类型属性"对话框中设置"轴线中段"的显示方式，分别有"连续""无""自定义"几项，如图 2.17 所示。

图 2.17

⑤将"轴线中段"设置为"连续"方式，还可设置其"轴线末段宽度""轴线末段颜色"及"轴线末段填充图案"的样式，如图 2.18 所示。

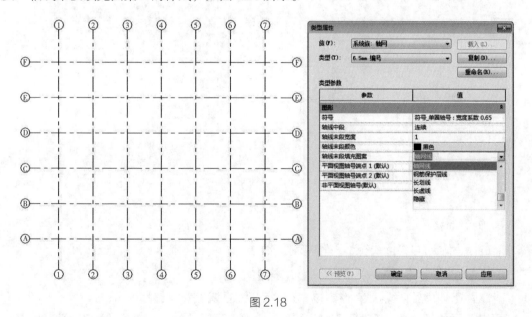

图 2.18

⑥"轴线中段"设置为"无"方式时，可设置其"轴线末段宽度""轴线末段颜色"及"轴线末段长度"的样式，如图 2.19 所示。

⑦"轴线中段"设置为"自定义"方式，可设置其"轴线中段宽度""轴线中段颜色""轴线中段填充图案""轴线末段宽度""轴线末段颜色""轴线末段填充图案""轴线末段长度"的样式，如图 2.20 所示。

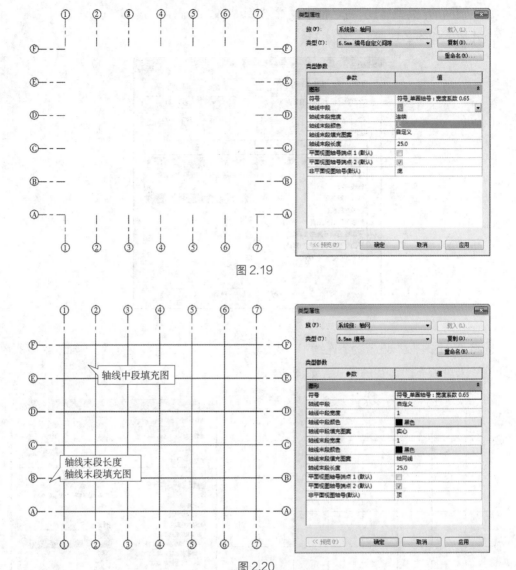

图 2.19

图 2.20

7）轴号偏移

单击标头附近的"折线符号"和"偏移轴号",单击"拖曳点",按住鼠标不放,调整轴号位置,如图 2.21 所示。

偏移后若要恢复直线状态,按住"拖曳点"到直线上释放鼠标即可。

【建议】

锁定轴网时要取消偏移,需要选择轴线并取消锁定后,才能移动"拖曳点"。

8）影响范围

在一个视图中,按上述方法进行完轴线标头位置、轴号显示和轴号偏移等设置后,选择"轴线",再在选项栏上选择"影响范围"命令,在对话框中选择需要的平面或立面视

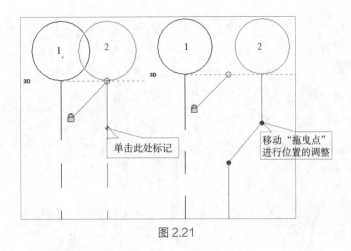

图 2.21

图名称，可以将这些设置应用到其他视图。例如，如果一层作了轴号的修改，而没有使用
"影响范围"功能，则其他层就不会有任何变化，如图 2.22 所示。

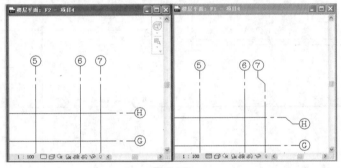

图 2.22

如想要使其轴网的变化影响到所有标高层，选中一个修改的轴网，此时将自动激活"修
改轴网"选项卡。在"基准"面板中选择"影响范围"命令，弹出"影响基准范围"对话框。选
择需要影响的视图，单击"确定"按钮，所选视图轴网都会与其作相同调整，如图 2.23 所示。

【注意】

这里推荐的制图流程为先绘制标高，再绘制轴网。这样在立面图中，轴号将显示于最
上层的标高上方，这也就决定了轴网在每一个标高的平面视图都可见。

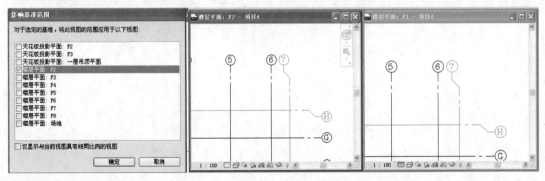

图 2.23

如果先绘制轴网再添加标高，或是项目过程中新添加了某个标高，则有可能导致轴网在新添加标高的平面视图中不可见。

其原理是：在立面上，轴网在 3D 显示模式下需和标高视图相交，即轴网的基准面与视图平面相交，则轴网在此标高的平面视图可见。如图 2.24 所示，②、④轴网与 F8 标高未相交，所以它们在 F8 层标高的平面视图不可见。

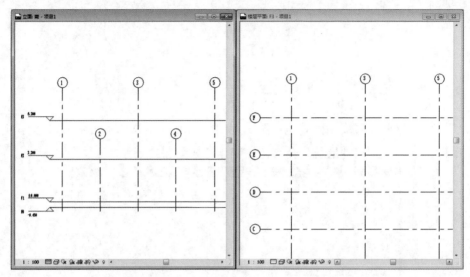

图 2.24

第 3 章　柱、梁和结构构件

本章主要讲述如何创建和编辑建筑柱、结构柱，以及梁、梁系统、结构支架等，要求了解建筑柱和结构柱的应用方法和区别。根据项目需要，有时需要创建结构梁系统和结构支架，如对楼层净高产生影响的大梁等。一般情况下，可以在剖面上通过二维填充命令来绘制梁剖面，示意即可。

3.1　柱的创建

3.1.1　结构柱

1）添加结构柱

①单击"建筑"选项卡下，"构建"面板中的"柱"下拉按钮，在弹出的下拉列表中选择"结构柱"选项。

②从类型选择器中选择适合尺寸规格的柱子类型，如没有则单击"类型属性"按钮，弹出"类型属性"对话框，编辑柱子属性，选择"编辑类型"→"复制"命令，创建新的尺寸规格，修改长、宽度尺寸参数。

③如没有需要的柱子类型，则选择"插入"选项卡，从"从库中载入"面板的"载入族"工具中打开相应族库进行载入族文件。

④在结构柱的"类型属性"对话框中，设置柱子高度尺寸（深度 / 高度、标高 / 未连接、尺寸值）。

⑤单击"结构柱"，使用轴网交点命令（单击"放置结构柱"→"在轴网交点处"），从右下向左上交叉框选轴网的交点，单击"完成"按钮，如图 3.1 所示。

图 3.1

2）编辑结构柱

编辑柱的属性，可以调整柱的基准、顶标高，顶、底部偏移，调整柱是否随轴网移动，此柱是否设为房间边界及柱子的材质。单击"编辑类型"按钮，在弹出的"类型属性"对话框中设置长度、宽度参数，如图 3.2 所示。

图 3.2

3.1.2　建筑柱

1）添加建筑柱

从类型选择器中选择适合尺寸、规格的建筑柱类型。如没有，则单击"图元属性"按钮，弹出"属性"对话框，编辑柱子属性。选择"编辑类型"→"复制"命令，创建新的尺寸规格，修改长、宽度尺寸参数。

如没有需要的柱子类型，则选择"插入"选项卡，从"从库中载入"面板的"载入族"工具中打开相应族库进行载入族文件，单击插入点插入柱子。

2）编辑建筑柱

与结构柱相同，柱的属性可以调整柱子基准、顶标高、顶、底部偏移，是否随轴网移动，此柱是否设为房间边界，单击"编辑类型"按钮，在弹出的"类型属性"对话框中设置柱子的图形、材质和装饰、尺寸标注的设置，如图 3.3 所示。

【提示】

建筑柱的属性与墙体相同，修改粗略比例填充样式只能影响没有与墙相交的建筑柱。

【建议】

建筑柱适用于砖混结构中的墙垛、墙上突出等结构。

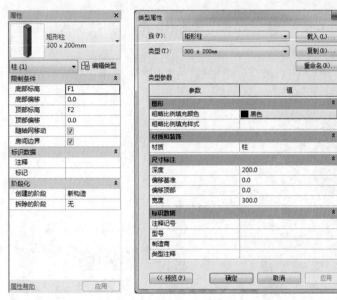

图 3.3

3.2 梁的创建

1）常规梁

①选择"结构"选项卡，单击"结构"面板里"梁"按钮，从属性栏的下拉列表中选择需要的梁类型，如没有可从库中载入。

②在选项栏上选择梁的放置平面，从"结构用途"下拉列表中选择梁的结构用途或让其处于自动状态，结构用途参数可以包括在结构框架明细表中，这样用户便可以计算大梁、托梁、檩条和水平支撑的数量。

③使用"三维捕捉"选项，通过捕捉任何视图中的其他结构图元，可以创建新梁，这表示用户可以在当前工作平面之外绘制梁和支撑。例如，在启用三维捕捉之后，不论高程如何，屋顶梁都将捕捉到柱的顶部。

④要绘制多段连接的梁，可勾选选项栏中的"链"复选框，如图 3.4 所示。

⑤单击起点和终点来绘制梁，绘制梁时，鼠标会捕捉其他结构构件。

⑥也可使用"轴网"命令，拾取轴网线或框选、交叉框选轴网线，单击"完成"按钮，系统自动在柱、结构墙和其他梁之间放置梁。

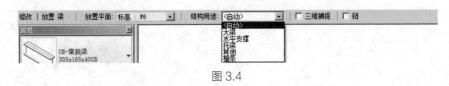

图 3.4

2）梁系统

结构梁系统可创建多个平行的等距梁，这些梁可以根据设计中的修改进行参数化调整，如图 3.5 所示。

①打开一个平面视图，选择"结构"选项卡，在"结构"面板中单击"梁系统"按钮，进入定义梁系统边界草图模式。

②选择"绘制"中"边界线""拾取线"或"拾取支座"命令，拾取结构梁或结构墙，并锁定其位置，形成一个封闭的轮廓作为结构梁系统的边界，如图 3.6 所示。

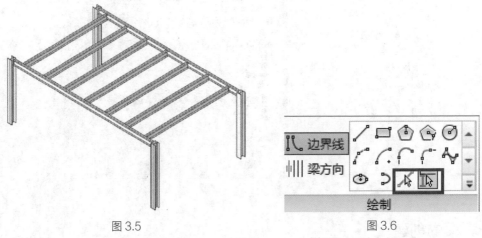

图 3.5　　　　　　　　　　　　　　　　图 3.6

③也可以用"线"绘制工具，绘制或拾取线条作为结构梁系统的边界。

④如要在梁系统中剪切一个洞口，可用"线"绘制工具在边界内绘制封闭洞口轮廓。

⑤绘制完边界后，可以用"梁方向边缘"命令选择某边界线作为新的梁方向。默认情况下，拾取的第一个支撑或绘制的第一条边界线为梁方向，如图 3.7 所示。

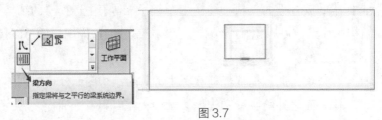

图 3.7

⑥单击"梁系统属性"按钮，设置此系统梁在立面的偏移值，编辑在三维视图中显示该构件、设置其布局规则，以及按设置的规则确定相应数值、梁的对齐方式及选择梁的类型，如图 3.8 所示。

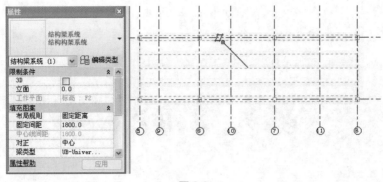

图 3.8

3）编辑梁

①操纵柄控制：选择梁，端点位置会出现操纵柄，用鼠标拖曳调整其端点位置。

②属性编辑：选择梁自动激活上下文选项卡"修改 | 结构框架"，在"属性"面板上修改其实例、类型参数，可改变梁的类型与显示。

【提示】

如果梁的一端位于结构墙上，则"梁起始梁洞"和"梁结束梁洞"参数将显示在"图元属性"对话框中；如果梁由承重墙支撑，应启用该复选框。选择后，梁图形将延伸到承重墙的中心线。

3.3　添加结构支撑

可以在平面视图或框架立面视图中添加支架，支架会将其自身附着到梁和柱上，并根据建筑设计中的修改进行参数化调整。

①打开一个框架立面视图或平面视图，选择"结构"选项卡，然后选择"结构"面板中的"支撑"命令。

②从类型选择器的下拉列表中选择需要的支撑类型，如没有可从库中载入。

③拾取放置起点、终点位置，放置支撑，如图 3.9 所示。

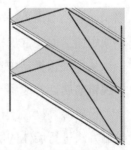

图 3.9

【注意】

由于软件默认的详细程度为粗略，绘制的支撑显示为单线，将详细程度改为精确就会显示有厚度的支撑。

④选择支架，自动激活上下文选项卡"修改 | 结构框架"，然后单击"图元"面板上的"类型属性"按钮，弹出"类型属性"对话框，修改其实例、类型参数。

第4章　墙体和幕墙

在绘制墙体时，需要综合考虑墙体的高度、构造做法、立面显示及墙身大样详图、内外墙体区别，以及图纸的粗略、精细程度的显示（各种视图比例的显示）等。幕墙作为墙的一种类型，幕墙嵌板具备的可自由定制的特性及嵌板样式同幕墙网格的划分之间的自动维持边界约束的特点，使幕墙具有很好的应用前景。

4.1　墙体的绘制和编辑

4.1.1　一般墙体

1）绘制墙体

选择"建筑"选项卡，单击"构建"面板下的"墙"下拉按钮，可以看到有墙、结构墙、面墙、墙饰条、分隔缝共5种类型可供选择。结构墙为创建承重墙和抗剪墙时使用；在使用体量面或常规模型时选择面墙；墙饰条和分隔缝的设置原理相同，详见本章4.3节。

从类型选择器中选择"墙"类型，必要时可单击"图元属性"按钮，在弹出的对话框中编辑墙属性，使用复制的方式创建新的墙类型。

设置墙高度、定位线、偏移值、半径、墙链，选择直线、矩形、多边形、弧形墙体等绘制方法进行墙体的绘制。

在视图中拾取两点，直接绘制墙线，如图4.1所示。

图 4.1

2）拾取命令生成墙体

如果有导入的二维 .dwg 平面图作为底图，可以先选择墙类型，设置好墙的高度、定位线链、偏移量、半径等参数后，选择"拾取线 / 边"命令，拾取 .dwg 平面图的墙线，自动生成 Revit 墙体。也可以通过拾取面生成墙体，主要应用在体量的面墙生成。

3）编辑墙体

（1）墙体图元属性的修改

选择墙体，自动激活"修改 | 墙"选项卡，单击"图元"面板下的"图元属性"按钮，弹出墙体"属性"对话框。

（2）修改墙的实例参数

墙的实例参数可以设置所选择墙体的定位线、高度、基面和顶面的位置及偏移、结构用途等特性，如图 4.2 所示。

图 4.2

4）设置墙的类型参数

①墙的类型参数可以设置不同类型墙的粗略比例填充样式、墙的结构、材质等，如图 4.3 所示。

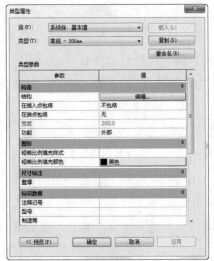

图 4.3

单击图元在"属性"中"结构"对应的"编辑"按钮，弹出"编辑部件"对话框，如图 4.4 所示。墙体构造层厚度及位置关系（可利用"向上""向下"按钮调整）可以由用户自行定义。注意，绘制墙体的定位有核心边界的选项。

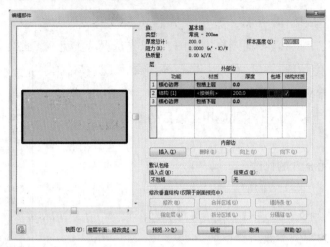

图 4.4

图 4.5

系统对视图详细程度的设置：在绘图区域单击鼠标右键，在弹出的快捷菜单中选择"视图属性"命令，弹出"属性"对话框，如图 4.5 所示。

②尺寸驱动、鼠标拖曳控制柄修改墙体位置、长度、高度、内外墙面等，如图 4.6 所示。

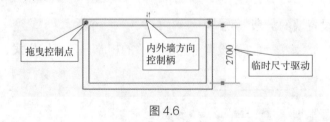

图 4.6

③移动、复制、旋转、阵列、镜像、对齐、拆分、修剪、偏移等，所有常规的编辑命令同样适用于墙体的编辑。选择墙体，在"修改 | 墙"选项卡的"修改"面板中，选择命令进行编辑。

④编辑立面轮廓。选择墙体，自动激活"修改 | 墙"选项卡，单击"修改 | 墙"面板下的"编辑轮廓"按钮。如在平面视图进行此操作，此时弹出"转到视图"对话框，选择任意立面进行操作，进入绘制轮廓草图模式。在立面上用"线"绘制工具绘制封闭轮廓，单击"完成绘制"按钮可生成任意形状的墙体，如图 4.7 所示。

同时，如需一次性还原已编辑过轮廓的墙体，则选择墙体，单击"重设轮廓"按钮即可实现。

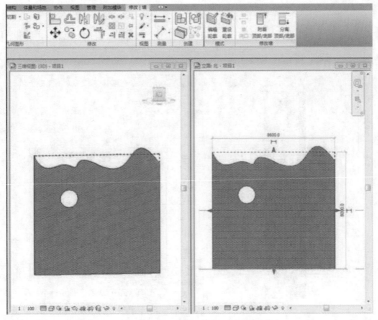

图 4.7

⑤附着 / 分离。选择墙体，自动激活 "修改丨墙" 选项卡，单击 "修改丨墙" 面板下的 "附着" 按钮，然后拾取屋顶、楼板、天花板或参照平面，可将墙连接到屋顶、楼板、天花板、参照平面上，墙体形状将自动发生变化。单击 "分离" 按钮，可将墙从屋顶、楼板、天花板、参照平面上分离开，墙体形状恢复原状，如图 4.8 所示。

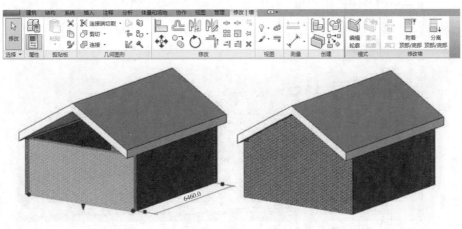

图 4.8

4.1.2   复合墙设置

选择 "建筑" 选项卡，单击 "构建" 面板下的 "墙" 按钮。

从类型选择器中选择墙的类型，选择 "属性" 面板，单击 "编辑类型" 按钮，弹出 "类型属性" 对话框，再单击 "结构" 参数后面的 "编辑" 按钮，弹出 "编辑部件" 对话框，如图 4.9 所示。

单击"插入"按钮，添加一个构造层，并为其指定功能、材质、厚度，使用"向上""向下"按钮调整其上、下位置。

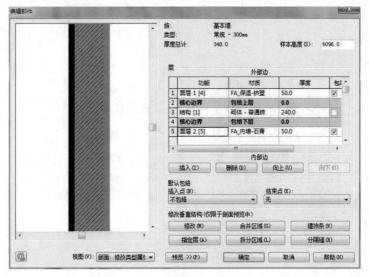

图 4.9

单击"修改垂直结构"选项区域的"拆分区域"按钮，将一个构造层拆为上、下 n 个部分，用"修改"命令修改尺寸及调整拆分边界位置，原始的构造层厚度值变为"可变"。

在"图层"中插入 $n+1$ 个构造层，指定不同的材质，厚度为 0。

单击其中一个构造层，用"指定层"在左侧预览框中，单击拆分开的某个部分指定给该图层。用同样的操作设置完所有图层，即可实现一面墙在不同的高度有几个材质的要求，如图 4.10 所示。

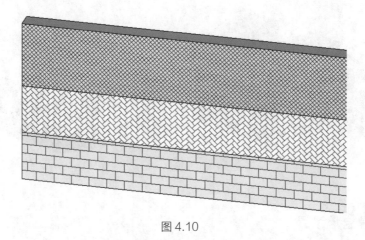

图 4.10

单击"墙饰条"按钮，弹出"墙饰条"对话框，添加并设置墙饰条的轮廓。如需新的轮廓，可单击"载入轮廓"按钮，从库中载入轮廓族，单击"添加"按钮添加墙饰条轮廓，并完成其高度、放置位置（墙体的顶部、底部、内部、外部）、与墙体的偏移值、材质及是否剪切等的设置，如图 4.11 所示。

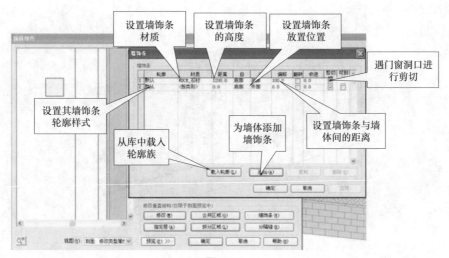

图 4.11

4.1.3　叠层墙设置

选择"建筑"选项卡,单击"构建"面板下的"墙"按钮,从类型选择器中选择。例如:"叠层墙:外部 – 带金属立柱的砌块上的砖"类型,单击"图元"面板下的"图元属性"按钮,弹出"实例属性"对话框;单击"编辑类型"按钮,弹出"类型属性"对话框,再单击"结构"后的"编辑"按钮,弹出"编辑部件"对话框,如图 4.12 所示。

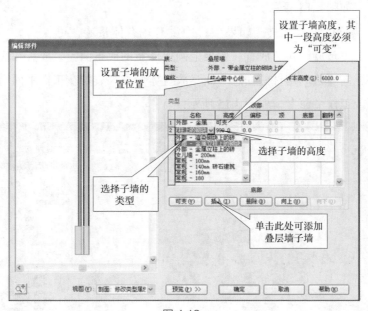

图 4.12

叠层墙是一种由若干个不同子墙(基本墙类型)相互堆叠在一起而组成的主墙,可以在不同的高度定义不同的墙厚、复合层和材质,如图 4.13 所示。

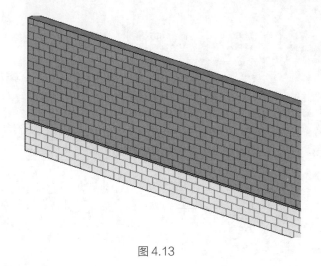

图 4.13

4.1.4　异型墙的创建

所谓异型墙体，就是不能直接应用绘制墙体命令生成的造型特异的墙体，如倾斜墙、扭曲墙。

1）体量生成面墙

①选择"体量和场地"选项卡，在"概念体量"面板上单击"内建体量"或"放置体量"工具，创建所需体量，使用"放置体量"工具创建斜墙，如图 4.14 所示。

图 4.14

②单击"放置体量"工具，如果项目中没有现有体量族，可从库中载入现有体量族。在"放置"面板上确定体量的放置面，"放置在面上"项目中至少有一个构件，需要拾取构件的任意"面"放置体量，"放置在工作平面上"命令实现放置在任意平面或工作平面上，如图 4.15 所示。

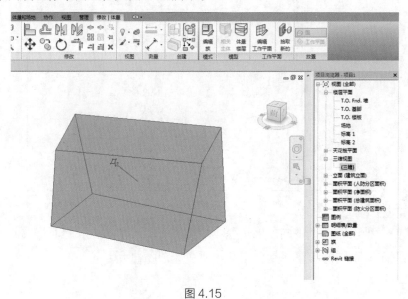

图 4.15

③放置好体量，单击"体量和场地"面板上"面模型"下拉按钮，单击"墙"工具，自动激活"放置|墙"选项卡，设置所放置墙体的基本属性，选择墙体类型、墙体属性的设置、放置标高、定位线等，如图 4.16 所示。

图 4.16

移动鼠标到体量任意面单击，确定放置。

④单击"概念体量"面板 显示体量 工具，控制体量的显示与关闭，如图 4.17 所示。

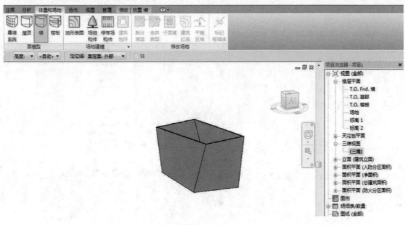

图 4.17

2）内建族创建异形墙体

选择"建筑"选项卡，在"构建"面板的下拉菜单中选择"内建模型"命令，在弹出的"族类别和族参数"对话框中选择"墙"选项，然后单击"确定"按钮，如图 4.18 所示。

图 4.18

使用"在位建模"面板中"创建"下拉菜单中的"拉伸""融合""旋转""放样""放样融合""空心形状"命令来创建异形墙体,如使用融合来实现。

首先,在一层标高 1 里创建"底面轮廓",创建完成后单击"编辑底部",单击二层标高 2 创建"顶面轮廓",创建完成后单击"编辑顶点",单击完成后去 3D 图中完成立体图形。同时,还可以给此墙族添加相应参数,如材质(此墙体没有构造层可设置,只是单一的材质)、尺寸等,如图 4.19 所示。

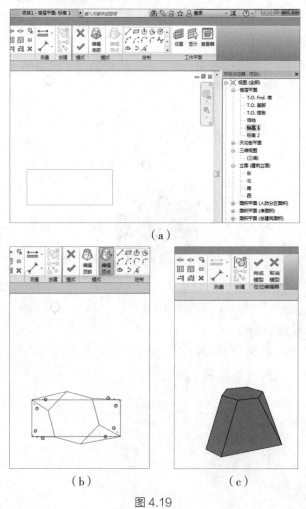

图 4.19

4.2　幕墙和幕墙系统

幕墙在软件中属于墙的一种类型,由于幕墙和幕墙系统在设置上有相同之处,所以本书将它们合并进行讲解。

4.2.1　幕墙

幕墙默认有 3 种类型:店面、外部玻璃、幕墙,如图 4.20 所示。幕墙的竖梃样式、网格分割形式、嵌板样式及定位关系皆可修改。

1）绘制幕墙

在 Revit 中，玻璃幕墙是一种墙类型，可以像绘制基本墙一样绘制幕墙。选择"建筑"选项卡，单击"构建"面板下的"墙"按钮，从类型选择器中选择幕墙类型。绘制幕墙或选择现有的基本墙，从类型下拉列表中选择幕墙类型，将基本墙转换成幕墙，如图4.21所示。

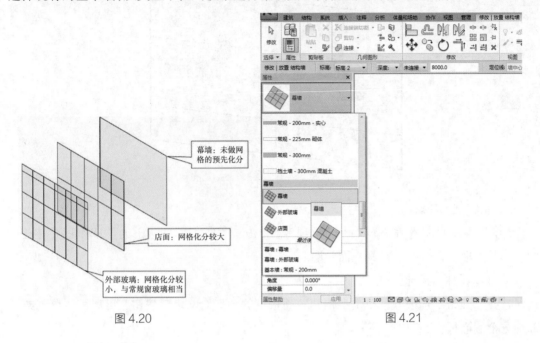

图 4.20   图 4.21

2）图元属性修改

对于外部玻璃和店面类型幕墙，可用参数控制幕墙网格的布局模式、网格的间距值及对齐、旋转角度和偏移值。选择幕墙，自动激活"修改|墙"选项卡，在"属性"窗口可以编辑该幕墙的实例参数，单击"编辑类型"按钮，弹出幕墙的"类型属性"对话框，编辑幕墙的类型参数，如图 4.22 所示。

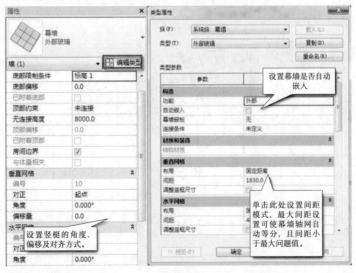

图 4.22

3）手工修改

也可手动调整幕墙网格间距：选择幕墙网格（按【Tab】键切换选择），单击开锁标记即可修改网格临时尺寸，如图 4.23 所示。

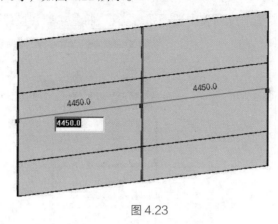

图 4.23

4）编辑立面轮廓

选择幕墙，自动激活"修改|墙"选项卡，单击"修改|墙"面板下的"编辑轮廓"按钮，即可像基本墙一样任意编辑其立面轮廓。

5）幕墙网格与竖梃

选择"建筑"选项卡，单击"构建"面板下的"幕墙网格"按钮，可以整体分割或局部细分幕墙嵌板。

• 全部分段：单击添加整条网格线。

• 一段：单击添加一段网格线细分嵌板。

• 除拾取外的全部：单击，先添加一条红色的整条网格线，再单击某段，删除，其余的嵌板添加网格线，如图 4.24 所示。

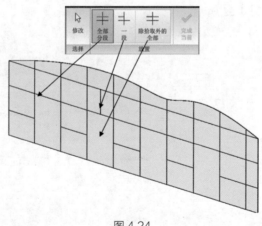

图 4.24

在"构建"面板的"竖梃"中选择竖梃类型，从右边选择合适的创建命令拾取网格线添加竖梃，如图 4.25 所示。

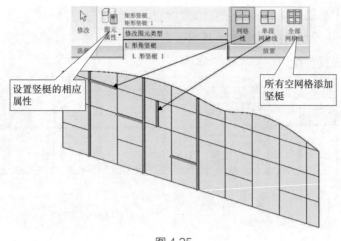

图4.25

6）替换门窗

可以将幕墙玻璃嵌板替换为门或窗（必须使用带有"幕墙"字样的门窗族来替换，此类门窗族是使用幕墙嵌板的族样板来制作的，与常规门窗族不同）：将鼠标放在要替换的幕墙嵌板边沿，使用【Tab】键切换选择至幕墙嵌板（注意：看屏幕下方的状态栏），选中幕墙嵌板后，自动激活"修改|墙"选项卡，单击"图元"面板下"图元属性"按钮；单击编辑类型，弹出嵌板的"类型属性"对话框，可在"族"下拉列表中直接替换现有幕墙窗或门，如果没有，可单击"载入"按钮从库中载入，如图4.26所示。

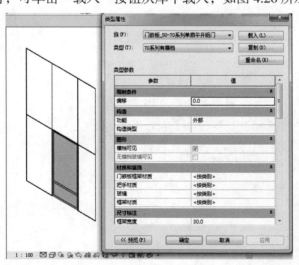

图4.26

【注意】

幕墙嵌板的选择可以用【Tab】键切换选择，幕墙嵌板可替换为门窗、百叶、墙体、空。

7）嵌入墙

基本墙和常规幕墙可以互相嵌入（当幕墙属性对话框中"自动嵌入"为勾选状态时）：

用墙命令在墙体中绘制幕墙，幕墙会自动剪切墙，像插入门、窗一样；选择幕墙嵌板方法同"替换门窗"，从类型选择器中选择基本墙类型，可将幕墙嵌板替换成基本墙，如图 4.27 所示；也可以将嵌板替换为"空"或"实体"。

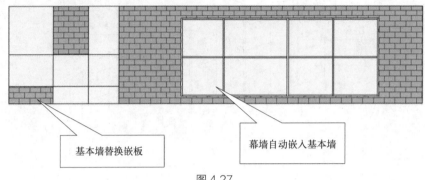

图 4.27

4.2.2　幕墙系统

幕墙系统是一种构件，由嵌板、幕墙网格和竖梃组成，通过选择体量图元面，可以创建幕墙系统。创建幕墙系统之后，可以使用与幕墙相同的方法添加幕墙网格和竖梃。

对于一些异形幕墙，选择"建筑"选项卡，然后单击"构建"面板下的"幕墙系统"按钮，拾取体量图元的面及常规模型可创建幕墙系统，然后用"幕墙网格"细分后添加竖梃，如图 4.28 所示。

【注意】

拾取常规模型的面生成幕墙系统，指的是内建族中的族类别为常规模型的内建模型。其创建方法为：在"构建"面板中选择"内建模型"命令，设置族类别为"常规模型"，即创建模型。

图 4.28

4.3　墙饰条

1）创建墙饰条

①在已经建好的墙体上添加墙饰条，可以在三维视图或立面视图中为墙添加墙饰条。要为某种类型的所有墙添加墙饰条，可以在墙的类型属性中修改墙结构。

②选择"建筑"选项卡，在"构建"面板的"墙"下拉列表中选择"墙饰条"选项。

③选择"修改|放置墙饰条"选项卡，在"放置"面板中选择墙饰条的方向："水平"或"垂直"。

④将鼠标放在墙上，以高亮显示墙饰条位置，单击以放置墙饰条。

⑤如果需要，可以为相邻墙体添加墙饰条。

⑥要在不同的位置开始添加墙饰条，可选择"修改 | 放置墙饰条"选项卡，单击"放置"（重新放置墙饰条），将鼠标移到墙上所需的位置，单击以放置墙饰条。

⑦要完成墙饰条的放置，可单击"修改"按钮，如图 4.29 所示。

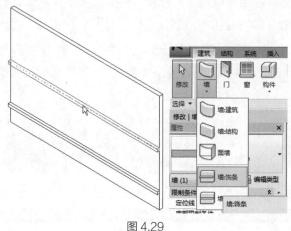

图 4.29

2）添加分隔缝

①打开三维视图或不平行立面视图。

②选择"建筑"选项卡，在"构建"面板中的"墙"下拉列表中选择"分隔缝"选项。如图 4.30 所示。

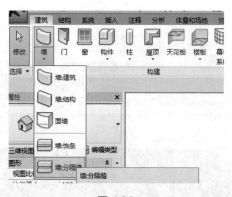

图 4.30

③在类型选择器（位于"属性"选项板顶部）中选择所需的墙分隔缝的类型。

④选择"修改 | 放置墙分隔缝"下的"放置"，并选择墙分隔缝的方向："水平"或"垂直"。

⑤将鼠标放在墙上，以高亮显示墙分隔缝位置，单击以放置分隔缝。

⑥ Revit 会在各相邻墙体上预选分隔缝的位置。

⑦单击视图中墙以外的位置，以完成对墙分隔缝的放置。

4.4　整合应用技巧

1）墙饰条的综合应用

选择墙体，进入立面视图，单击"建筑"选项卡中的"创建"面板下的"墙饰条"命令，可以创建墙饰条。若想创建复杂的墙饰条，可选择墙体，单击"图元"面板下的"图元属性"下拉按钮，选择"类型属性"；打开"类型属性"对话框，单击"构造"后的"编辑"按钮，打开"编辑部件"对话框；添加层后，打开"预览"，将"视图"改为"剖面：修改类型属性"，此时，"修改垂直结构下"的命令可用，如图4.31所示。单击"墙饰条"命令，打开"墙饰条"对话框，可载入或添加各式各样的墙饰条，如腰线、散水等，如图4.32所示。

【注意】

若勾选"墙饰条"对话框中的"可剖"，当在立面中插入窗时可以剖切墙饰条，使窗与墙饰条融合，如图4.32所示。

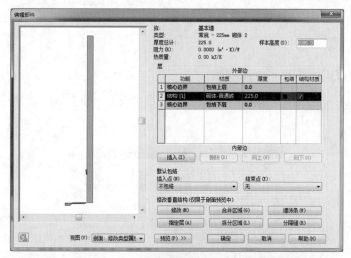

图 4.31

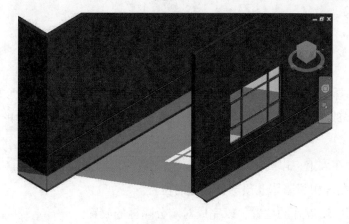

图 4.32

2）叠层墙设置的具体应用

通过对叠层墙的设置，可以绘制出带墙裙、踢脚的墙体，如图 4.33 所示。

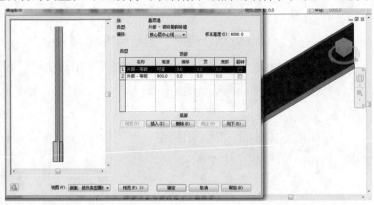

图 4.33

3）墙体各构造层线型颜色的设置

单击"视图"选项卡中的"图形"面板下的"可见性/图形"命令，打开"可见性/图形替换"对话框，在"模型类别"中选择"墙体"，勾选右下角"截面线样式"复选框，单击"编辑"按钮，弹出"主体层线样式"对话框。此时，即可修改各构造层的线宽、颜色，如图 4.34 所示。

图 4.34

绘制不同比例的图纸时，需要对墙体的平面表达进行替换重新设置。在"模型类别"中选择"墙体""投影/表面""截面"的"线"和"填充图案"都可进行替换。

4）添加构造层后的墙体标注

墙体添加构造层后，图为1∶100的比例时，图纸为粗略的详细程度。单击"注释"选项卡中的"尺寸标注"面板下的"对齐"命令，将选项栏中的"放置尺寸标注"设为"参照核心层表面"，标注尺寸。此时，图纸显示为带面层厚度的墙体，然而标注的尺寸为不包括面层的墙体厚度。

当图为1∶50或更小的比例时，一般采用精细程度进行标注。此时，可以标注核心层、面层等所有构造层的墙体厚度，如图4.35所示。

图 4.35

5）墙体的高度设置与立面分格线

墙体高度的设置何时可以设置为从底到顶或何时设置为按照每层层高，主要需要考虑外墙的立面分格线的位置。墙体的分格线的位置在楼层高度时，墙体就可以设置成按照每层层高，如从一层到二层。不在楼层层高的立面分格线，用详图线命令在立面上绘制即可。

6）内墙及平面成角度的斜墙轮廓编辑

内墙的轮廓编辑可以直接在立面上修改编辑：选择墙体，单击"修改｜墙"面板下的"编辑轮廓"命令，弹出"转到视图"对话框，选择相应的立面；进入立面视图，选择"绘制"面板中的绘制工具，绘制想要的轮廓；完成轮廓。

如果需要观察该墙轮廓与其他墙体的关系，可以把模型图形样式修改为"线框"，如图4.36所示。

图 4.36

7）匹配工具的应用

单击"修改"选项卡中的"剪贴板"面板下的"匹配类型"命令，选择目标墙体，再单击需要匹配的墙体，即可将墙体改为同种类型，如图4.37所示。

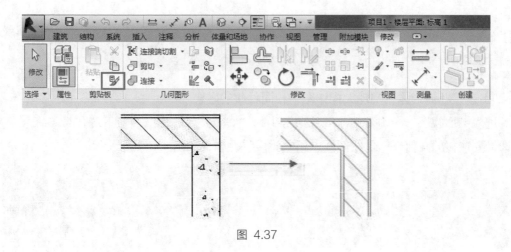

图 4.37

8）墙体连接对立面显示及开洞的影响

针对构造层不同的墙体，在连接时通常要设置连接方式，否则可能会出现很多问题。

单击"修改"选项卡中的"编辑几何图形"面板下的"墙连接"命令，设置墙的连接方式。选择墙体，选项栏中配置了 3 种连接方式：平接、斜接、方接，如图 4.38 所示。

3 种连接方式的效果如图 4.39 所示。选择不同的连接方式，会对墙体的立面显示及开洞产生一定影响。

图 4.38

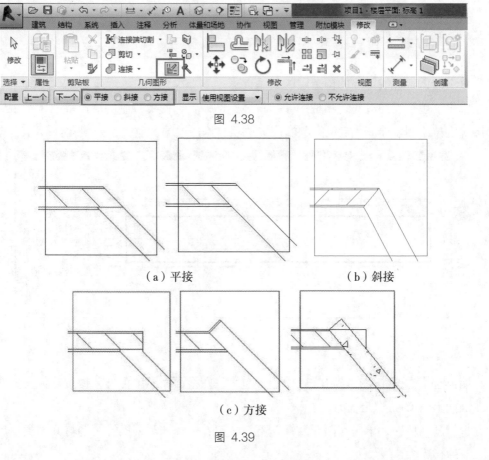

（a）平接　　　　　　　　　　（b）斜接

（c）方接

图 4.39

9）连接几何形体，实现大样详图中相同材质的融合

进入剖面视图，单击"修改"选项卡中的"编辑几何图形"面板下的"⟊"命令，先后选择要连接的几何形体，在详图中相同材质将融合，如图4.40所示。

10）平面成角度的墙体绘制及标注

绘制一条水平参照平面，单击"墙"，以参照平面为起点，绘制与平面成角度的墙体。单击"注释"选项卡中的"尺寸标注"面板，单击"角度标注"，标注角度，如图4.41所示。如需修改角度，则点选该墙，修改角度值即可。注意，是点选墙体，而不是选择角度标注。

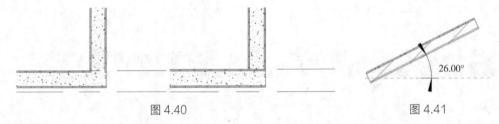

图 4.40   图 4.41

11）墙体定位线与墙的构造层的关系

单击"墙"，通过对选项栏中"定位线"的设置，使要绘制的墙以墙的构造层中的某一层来定位绘制墙体。"定位线"的设置选项与构造层的对应关系如图4.42所示。

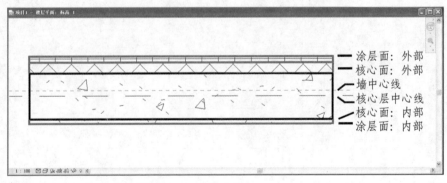

图 4.42

12）墙体包络

墙体包络主要体现在墙身详图中，且包络只在平面视图中可见，也就是说无法实现墙体在剖面上门窗插入处的包络。

选择"墙体"，单击"图元属性"下拉按钮，选择"类型属性"，打开"类型属性"

对话框。图 4.43 所示为对构造包络的参数设置。"在插入点包络"是指当插入门窗时，墙体的包络方式；"在端点包络"是指在墙端点处进行的包络。

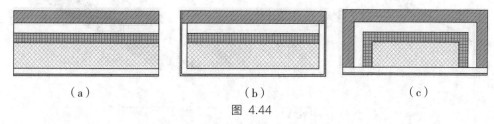

图 4.43

以"在端点包络"为例，若设为"无"包络，则为如图 4.44（a）所示的构造样式；若设为"内包络"，则为如图 4.44（b）所示的构造样式；若设为"外包络"，则为如图 4.44（c）所示的构造样式。

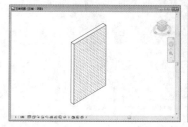  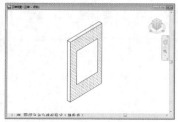

（a）　　　　　　　　　　（b）　　　　　　　　　　（c）

图 4.44

13）拆分面及填色

"拆分面"命令可以拆分图元的表面，但不改变图元的结构。在拆分面后，可使用"填色"工具为此部分面应用不同材质。

单击"修改"选项卡中的"编辑面"面板中的"拆分面"命令，移动光标到墙上使墙体外表面高亮显示，单击选择该面，进入绘制草图模式；单击"绘制"面板下的"线"工具，绘制两条垂直线到墙体下面边界；完成拆分面。

单击"修改"选项卡中的"编辑面"面板中的"填色"命令，选择材质类型，单击"拆分面"，此时，"拆分面"被赋予了材质，如图 4.45 所示。

图 4.45

14）幕墙的妙用（屋顶顶瓦、百叶窗、用幕墙做窗）

（1）屋顶顶瓦

单击"建筑"选项卡中的"构建"面板下的"屋顶"下拉按钮，选择"迹线屋顶"并单击，绘制拉伸屋顶，如图 4.46 所示。

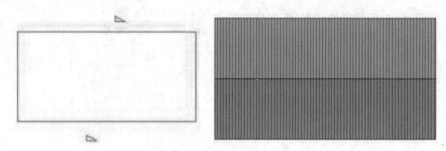

图 4.46

　　选择屋顶，单击"修改"面板中的"复制"命令，复制一个屋顶副本。将"屋顶副本"类型改为"玻璃斜窗"，副本位置如图 4.47 所示。单击"图元属性"命令，设置"类型属性"，如图 4.48 所示。

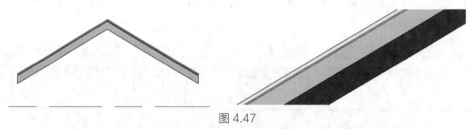

图 4.47

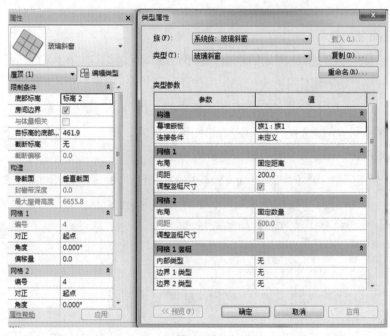

图 4.48

　　单击"插入"选项卡中的"从库中载入"面板下的"载入族"，载入一个用"幕墙嵌板样板文件"制作的圆筒状的族文件，如图 4.49 所示。

选择实例，单击"类型属性"的族下拉菜单，将"幕墙嵌板"类型替换为刚刚载入的
"族"，最终效果如图 4.50 所示。

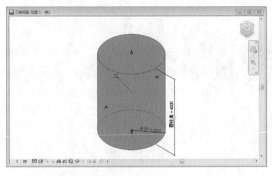
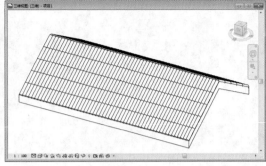

图 4.49　　　　　　　　　　　　　　　　图 4.50

（2）百叶窗

单击"建筑"选项卡下的"绘制"面板中的"墙"命令，打开"放置墙"的上下文选
项卡。将"墙"的图元类型改为"幕墙"，选择绘制工具，绘制幕墙。

选择幕墙，单击"图元属性"下拉按钮，单击"类型属性"，打开"类型属性"对话
框。单击"复制"按钮，输入名称"百叶"，单击"确定"按钮则创建新的幕墙类型。设
置类型属性如图 4.51 所示。

图 4.51

第5章 门 窗

在三维模型中，门窗的模型与它们的平面表达并不是对应的剖切关系，这说明门窗模型与平立面表达可以相对独立。此外，门窗在项目中可以通过修改类型参数，如门窗的宽和高以及材质等，形成新的门窗类型。门窗的主体是墙体，它们对墙具有依附关系，删除墙体，门窗也随之被删除。

在门窗构件的应用中，其插入点、门窗平立剖面的图纸表达、可见性控制等都和门窗族的参数设置有关。所以，不仅需要了解门窗构件族的参数修改设置，还需要在未来的族制作课程中深入了解门窗族制作的原理。

5.1 插入门窗

因为在 Revit 中具有尺寸和对象相关联的特点，所以只需在大致位置插入门窗，通过修改临时尺寸标注或尺寸标注来精确定位。

选择"建筑"选项卡，然后在"构建"面板中单击"门"或"窗"按钮，在类型选择器中选择所需的门、窗类型。如果需要更多的门、窗类型，可选择从"插入""载入族"中找到。先选定楼层平面，再到选项栏中选择"放置标记"自动标记门窗，选择"引线"可设置引线长度。在墙主体上移动鼠标，当门位于正确的位置时单击"确定"按钮，如图 5.1 所示。

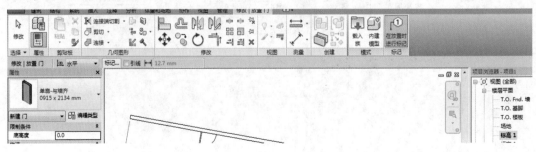

图 5.1

【提示】

①插入门窗时输入"SM"，自动捕捉到中点插入。

②插入门窗时，在墙内外移动鼠标改变内外开启方向，按空格键改变左右开启方向，如图 5.2 所示。

③拾取主体：选择"门"，打开"修改｜门"的上下文选项卡，选择"主体"面板的"拾取新主体"命令，可更换放置门的主体，即把门移动放置到其他墙上，如图 5.3 所示。

④在平面插入窗，其窗台高为"默认窗台高"参数值。在立面上，可以在任意位置插入窗。在插入窗族时，立面出现绿色虚线时，此时窗台高为"默认窗台高"参数值。

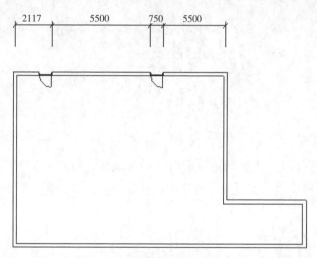

图 5.2

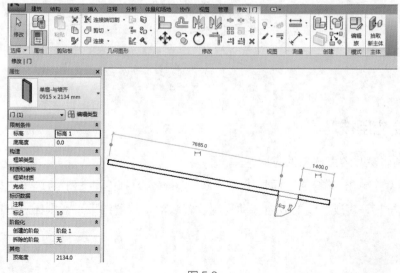

图 5.3

5.2 门窗编辑

1）修改门窗实例参数

选择门窗，自动激活"修改门/窗"选项卡，单击"图元"面板中的"图元属性"按钮，弹出"图元属性"对话框，修改所选择门窗的标高、底高度等实例参数。

2）修改门窗类型参数

自动激活"修改门/窗"选项卡，在"图元"面板中选择"图元属性"命令，弹出"图元属性"对话框，单击"编辑类型"按钮；弹出"类型属性"对话框，然后再单击"复制"按钮创建新的门窗类型，修改门窗的高度、宽度，窗台高度，框架、玻璃材质，竖梃可见性参数，然后单击"确定"按钮。

> 【注意】
>
> 修改窗的实例参数中的底高度，实际上也就修改了窗台高度。在窗的类型参数中，通常有默认窗台高这个类型参数并不受影响。
>
> 修改了类型参数中默认窗台高的参数值，只会影响随后再插入的窗户的窗台高度，对之前插入的窗户的窗台高度并不产生影响。

3）鼠标控制

选择门窗出现开启方向控制和临时尺寸，单击改变开启方向和位置尺寸。

用鼠标拖曳门窗改变门窗位置，墙体洞口自动修复，开启新的洞口，如图 5.4 所示。

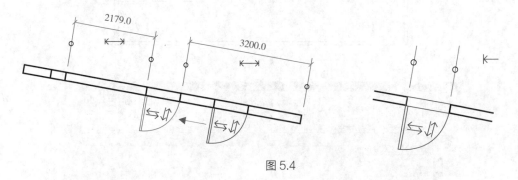

图 5.4

5.3 整合应用技巧

1）复制门窗时约束选项的应用

选择门窗，单击"修改"面板中的"复制"命令，在选项栏中勾选"约束"，则可使门窗沿着与其垂直或共线的方向移动复制。若取消勾选"约束"，则任意方向复制，如图 5.5 所示。

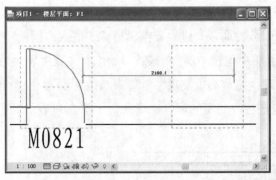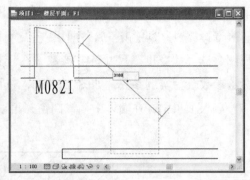

图 5.5

2）图例视图——门窗分格立面

单击"视图"选项卡中的"创建"面板中的"图例"下拉按钮，选择"图例"并单击，弹出"新图例视图"对话框，输入名称、比例，单击"确定"按钮，创建图例视图，如图 5.6（a）所示。

插入窗族图例：进入刚刚创建的图例视图，单击"注释"选项卡中的"详图"面板下的"构件"下拉按钮，选择"图例构件"并单击，在选项栏中选择相应的"族"。在"视图"中选择"立面：前"，在视图中的合适位置单击即可创建门窗分格立面；也可在"视图"中选择"楼层平面"，在视图中单击创建平面图例，如图 5.6（b）、（c）所示。

也可以在项目浏览器中，展开"族"目录，选择窗族实例，直接拖曳到图例视图里。

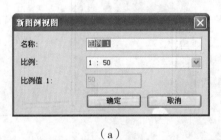

（a）

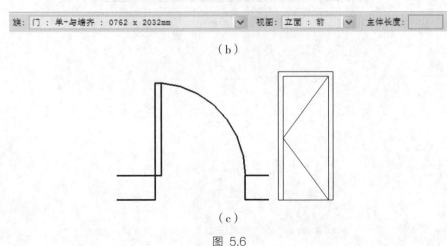

（b）

（c）

图 5.6

3）窗族的宽、高为实例参数时的应用

选择"窗"，单击"族"面板中的"编辑族"命令，进入族编辑模式。进入"楼板线"视图，选择"宽度"尺寸标签参数，在选项栏中勾选"实例参数"，此时，"宽度"尺寸标签参数改为实例参数，如图 5.7 所示。同理，将"高度"尺寸标签参数改为实例参数。

载入项目中，在墙体中插入门窗，可以任意改变窗的宽度、高度，如图 5.8 所示。

图 5.7

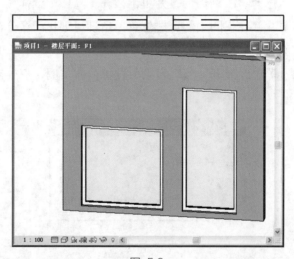

图 5.8

第6章 楼 板

楼板的创建，可以通过在体量设计中设置楼层面生成面楼板，也可以直接绘制完成。在 Revit 中，楼板可以设置构造层。默认的楼层标高为楼板的面层标高，即建筑标高。在楼板编辑中，不仅可以编辑楼板的平面形状、开洞口和楼板坡度等，还可以通过"修改子图元"命令修改楼板的空间形状，设置楼板的构造层找坡，实现楼板的内排水和有组织排水的分水线建模绘制。此外，针对自动扶梯、电梯基坑、排水沟等与楼板相关的构件建模与绘图，软件还提供了"楼板的公制常规模型"的族样板，方便用户自行定制。

6.1 创建楼板

1）拾取墙与绘制生成楼板

单击"建筑"选项卡上的"构建"面板下的"楼板"命令，进入绘制轮廓草图模式。此时自动跳转到"创建楼层边界"选项卡，单击"拾取墙"命令，在选项栏中单击 偏移: 0.0 ☑延伸到墙中(至核心层)，指定楼板边缘的偏移量，同时勾选"延伸到墙中（至核心层）"，拾取墙时将拾取到有涂层和构造层的复合墙的核心边界位置。

使用【Tab】键切换选择，可一次选中所有外墙单击生成楼板边界。若出现交叉线条，使用"修剪"命令编辑成封闭楼板轮廓，或单击线命令，用线绘制工具绘制封闭楼板轮廓。成草图后，单击"完成楼板"创建楼板，如图6.1所示。

图6.1

选择楼板边缘，进入"修改丨楼板"界面，选择"编辑边界"命令，可修改楼板边界。单击"编辑边界"，进入绘制轮廓草图模式，单击绘制面板下的"边界线""直线"命令，进行楼板边界的修改，可修改成非常规轮廓，如图 6.2 所示。

使用"修改"面板下的❌删除多余线段，单击完成，如图 6.3 所示。

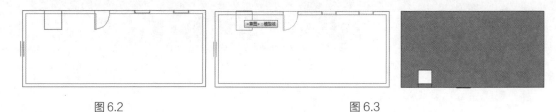

图 6.2　　　　　　　　　　　　　　　　　　图 6.3

2）斜楼板的绘制

在绘制楼板草图时，用"坡度箭头"📐坡度箭头命令绘制坡度箭头，在属性控制面板下设置"尾高度偏移"或"坡度"值。单击"确定"，完成绘制，如图 6.4 所示。

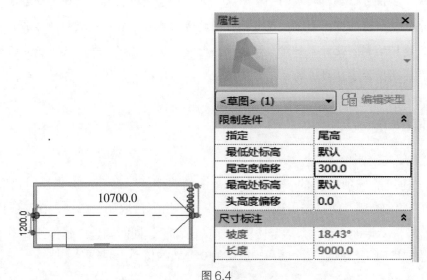

图 6.4

6.2　楼板的编辑

1）图元属性修改

选择楼板，自动激活"修改丨楼板"选项卡，在"属性"对话框中单击"编辑类型"命令，选择左下角"预览"图标，修改类型属性，如图 6.5 所示。

2）楼板洞口

选择楼板，单击"编辑"面板下的"编辑边界"命令，进入绘制楼板轮廓草图模式，或在创建楼板时，在楼板轮廓以内直接绘制洞口闭合轮廓，完成绘制，如图 6.6 所示。

图 6.5

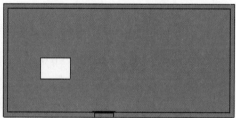

图 6.6

3）处理剖面图楼板与墙的关系

在 Revit 中直接生成剖面图时，楼板与墙会有空隙，先画楼板后画墙可以避免此问题。也可以利用"修改"选项卡"编辑几何图形"面板下"连接几何图形" 命令，来连接楼板和墙，如图 6.7 所示。

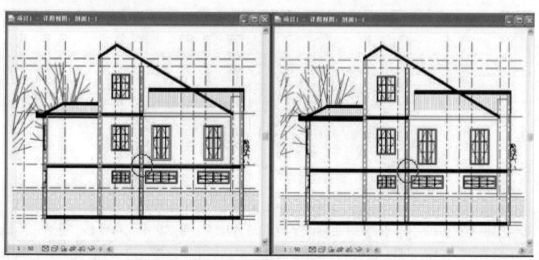

图 6.7

4）复制楼板

选择楼板，自动激活"修改 | 楼板"选项卡，"剪贴板"面板下"复制"命令，复制到剪贴板，单击"修改"选项卡"剪贴板"面板下"对齐粘贴 . 按名称选择层"命令，选择目标标高名称，楼板自动复制到所有楼层，如图 6.8 所示。

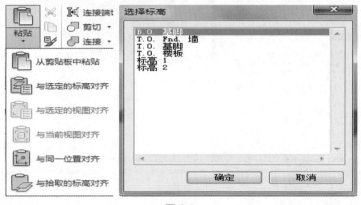

图 6.8

选择复制的楼板可在选项栏上点选"编辑"，再"完成绘制"，即可出现一个对话框，提示从墙中剪切与楼板重叠的部分。

6.3　楼板边缘

单击"建筑"选项卡下"构建"面板中的"楼板"的下拉按钮，下有"楼板""结构楼板""面楼板""楼板边缘"4 个命令。

添加楼板边缘：选择"楼板边缘"命令，单击选择楼板的边缘，完成添加，如图 6.9 所示。

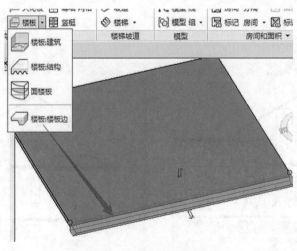

图 6.9

单击楼板边缘可出现属性，可修改"垂直轮廓偏移"与"水平轮廓偏移"等数值单击"编辑类型"按钮，可以在弹出的"类型属性"对话框中修改楼板边缘的"轮廓"，如图 6.10 所示。

图 6.10

6.4 整合应用技巧

1）创建阳台、雨篷与卫生间楼板

创建阳台、雨篷时使用"楼板"工具，在绘制完成后，然后单击"楼板属性"工具，在弹出的"实例属性"对话框中，"限制条件"下"自标高的高度偏移"一栏中修改偏移值，如图6.11所示。

【注意】

卫生间楼板与室内其他区域相比应该偏低，所以在绘制卫生间内楼板后应调整其偏移值，设置方法同上。

2）楼板点编辑、楼板找坡层设置

选择楼板，点击自动弹出的"修改 | 楼板"上下文选项卡，单击"修改子图元"工具，楼板进入点编辑状态，如图6.12所示。单击"添加点"工具，然后在楼板需要添加控制点的地方单击，楼板将会增加一个控制点。单击"修改子图元"工具，再单击需要修改的点，在点的左上方会出现一个数值，如图6.13所示。

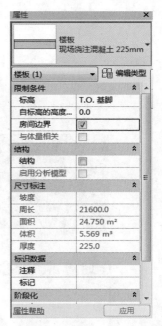

图 6.11

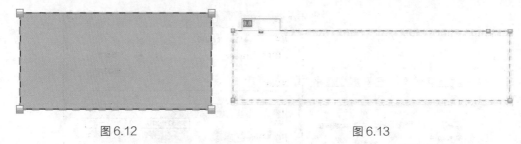

图 6.12   图 6.13

该数值表示偏离楼板的相对标高的距离，可以通过修改其数值使该点高出或低于楼板的相对标高。

"形状编辑"面板中还有"添加分割线""拾取支座"和"重设形状"。"添加分割线"命令可以将楼板分为多块，以实现更加灵活的调节，如图 6.14 所示；"拾取支座"命令用于定义分割线，并在选择梁时为楼创建恒定承重线；单击"重设形状"工具可以使图形恢复原来的形状。

当楼层需要做找坡层或做内排水时，需要在面层上做坡度。选择楼层，单击"图元属性"下拉按钮，选择"类型属性"，单击"结构"栏下"编辑"，在弹出的"编辑部件"对话框中勾选"保温层 / 空气层"后的"可变"选项，如图 6.15 所示。

在进行楼板的点编辑时，只有楼板的面层会变化，结构层不会变化，如图 6.16 所示。

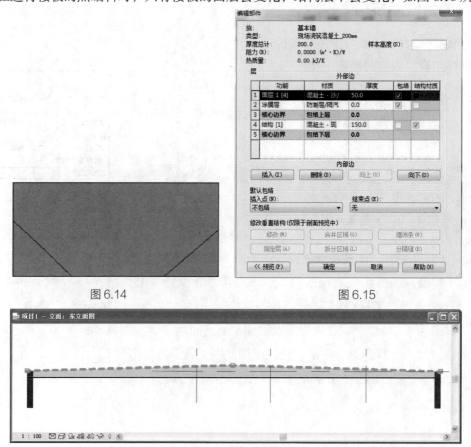

图 6.14   图 6.15

图 6.16

　　找坡层的设置：单击"形状编辑"面板中的"添加分割线"工具，在楼板的中线处绘制分割线，单击"修改子图元"工具，修改分割线两端端点的偏移值（即坡度高低差），完成绘制，效果如图 6.16 所示。

　　内排水的设置：单击"添加点"工具，在内排水的排水点添加一个控制点，单击"修改子图元"工具，修改控制点的偏移值（即排水高差），完成绘制，如图 6.17 所示。

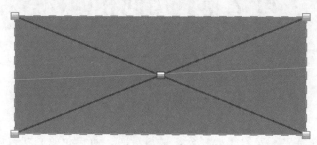

图 6.17

3）楼板的建筑标高与结构标高

　　楼板包括结构层与面层，建筑标高是指到楼板面层的高度值，结构标高是指到楼板结构层的高度值，两者之间有一个面层的差值。在 Revit 中，标高默认为建筑标高。屋面层楼板的建筑标高与结构标高是一样的，所以，屋面层楼板需要向上偏移一个面层的高度。

第7章 房间和面积

房间和面积是建筑中重要的组成部分，使用房间、面积和颜色方案规划建筑的占用和使用情况，并执行基本的设计分析。

7.1 房间

1）创建房间

选择"建筑"选项卡，在"房间和面积"面板中单击"房间"下拉按钮，在下拉列表中选择"房间"选项，可以创建房间，如图 7.1 所示。

图 7.1

进入任意楼层平面视图，在需要的房间内添加房间，如图 7.2 所示。

可以在平面视图和剖面视图中选择房间。选择一个房间可以检查其边界，修改其属性，将其从模型中删除或移至其他位置。

2）选择房间

选择房间标记，单击"房间"房间名称可变为输入状态，输入新的房间名称，如图 7.3 所示。

3）控制房间的可见性

默认情况下，房间在平面视图和剖面视图中不会显示，但可以更改"可见性/图形"设置，使房间及其边界线在视图中可见，这些属性成为视图属性的组成部分。

在视图面板中，单击"可见性/图形"按钮，在"可见性/图形替换"对话框的"模型类别"选项卡上向下滚动至"房间"，然后单击节点以便展开。要在视图中显示内部填充，勾选"内

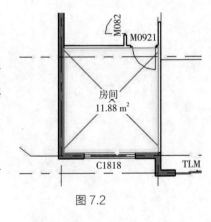

图 7.2

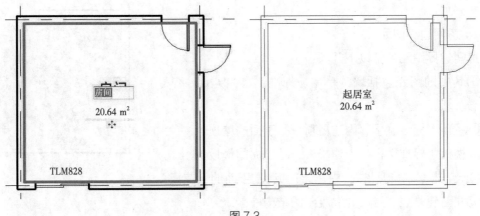

图 7.3

部填充"复选框。要显示房间的参照线，勾选"参照"复选择框，然后单击"确定"按钮，如图 7.4 所示。

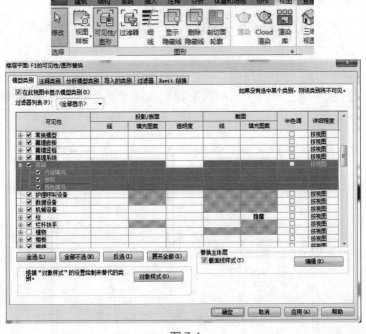

图 7.4

7.2　房间边界

1）平面视图中的房间

进入楼层平面，使用平面视图可以直接查看房间的外部边界（周长）。

默认情况下，Revit 使用墙面面层作为外部边界来计算房间面积，也可以指定墙中心、墙核心层或墙核心层中心作为外部边界。

如果需要修改房间的边界，可修改模型图元的"房间边界"参数，或添加房间分隔线，如图 7.5 所示。

2）房间边界图元

房间边界图元包括以下几项：

①其中的图元包括墙（幕墙、标准墙、内建墙、基于面的墙）。

②屋顶（标准屋顶、内建屋顶、基于面的屋顶）。

③楼板（标准楼板、内建楼板、基于面的楼板）。

④天花板（标准天花板、内建天花板、基于面的天花板）。

⑤柱（建筑柱、材质为混凝土的结构柱）。

⑥幕墙系统。

⑦房间分隔线。

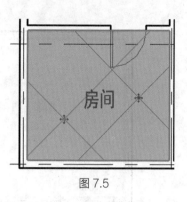

图 7.5

⑧建筑地坪通过修改图元属性，可以指定很多图元是否可作为房间边界。例如，可能需要将盥洗室隔断定义为非边界图元，因为它们通常不包括在房间计算中。如果将某个图元指定为非边界图元，Revit 计算房间或任何共享此非边界图元的相邻房间的面积或体积时，将不使用该图元。

3）房间分隔线

在"房间与面积"面板下的"房间"下拉列表中单击按钮，在房间未分隔处添加分隔线，如图 7.6 所示。

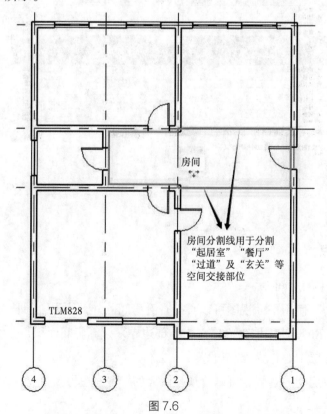

图 7.6

使用"房间分隔线"工具可添加和调整房间边界，房间分隔线是房间边界。在房间内指定另一个房间时，分隔线十分有用，如起居室中的就餐区，此时房间之间不需要墙。房间分隔线在平面视图和三维视图中可见。

7.3   房间标记

在"房间和面积"面板中单击"标记房间"，对已添加的房间进行标记，如图 7.7 所示。

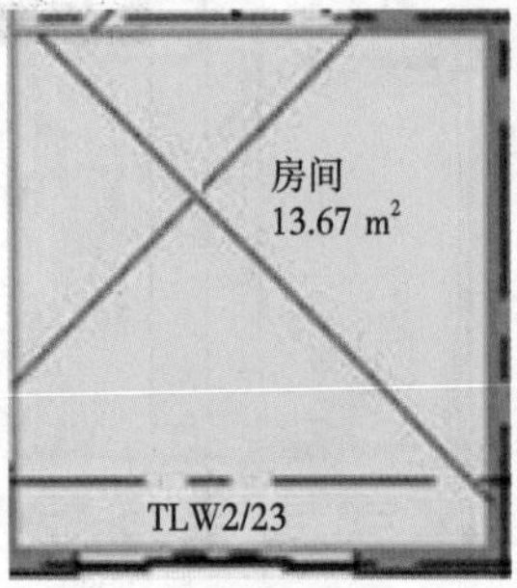

房间
13.67 m²

TLW2/23

图 7.7

7.4   面积方案

1）创建与删除面积方案

在"房间和面积"选项卡的下拉菜单中，选择 面积和体积计算 选项，在弹出的对话框中选择"面积方案"选项卡，单击"新建"按钮，如图 7.8 所示。

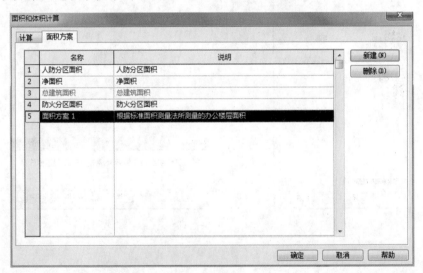

图 7.8

删除面积方案与创建面积方案类似，其区别是选中要删除的面积方案，单击后面的"删除"按钮，完成面积方案的删除，如图 7.9 所示。

【注意】

如果删除面积方案，则与其关联的所有面积平面也会被删除。

2）创建面积平面

在"房间和面积"面板中单击"面积"下拉按钮，在弹出的下拉菜单中选择 面积平面 选项进行创建，在"类型"下拉列表中可选择要创建面积平面的类型和面积平面视图，然后单击"确定"按钮，如图 7.10 所示。

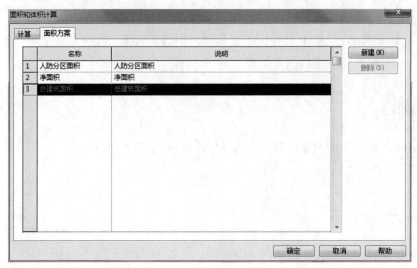

图 7.9

图 7.10

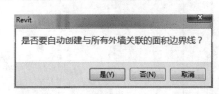

图 7.11

【注意】

单击"确定"之后会出现如图 7.11 所示对话框,单击"是"则会开始创建整体面积平面;单击"否",则需要手动绘制面积边界线。

3) 添加面积标记

在"房间和面积"面板中,单击"标记"下拉按钮,在弹出的下拉列表中选择 面积标记选项,Revit 将在面积平面中高亮显示定义的面积。

【注意】

放置和修改面积标记的方式与创建房间标记的方法相同。

第8章 屋顶与天花板

屋顶是建筑的重要组成部分。Autodesk Revit Architecture 提供了多种建模工具，如迹线屋顶、拉伸屋顶、面屋顶、玻璃斜窗等创建屋顶的常规工具。此外，对于一些特殊造型的屋顶，还可以通过内建模型的工具来创建。为方便读者理解，本章还将专门介绍古建筑六角亭的完整创建过程。

8.1 屋顶的创建

8.1.1 迹线屋顶

1）创建迹线屋顶（坡屋顶、平屋顶）

在"建筑"面板的"屋顶"面板下列表中选择"迹线屋顶"选项，进入绘制屋顶轮廓草图模式。

此时，自动跳转到"创建楼层边界"选项卡，单击"绘制"面板下的"拾取墙"▣按钮。在选项栏中勾选"定义坡度"复选框，指定楼板边缘的偏移量，同时勾选"延伸到墙中（至核心层）"复选框，拾取墙时将拾取到有涂层和构造层的复合墙体的核心边界位置，如图8.1所示。

图8.1

使用【Tab】键切换选择，可一次选中所有外墙，单击生成楼板边界。若出现交叉线条，使用"修剪"命令编辑成封闭楼板轮廓，或选择"线"命令，用线绘制工具绘制封闭楼板轮廓。单击完成编辑，如图8.2所示。

【注意】
若取消勾选"定义坡度"复选框则生成平屋顶。

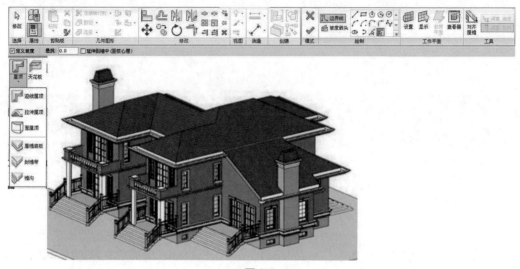

图 8.2

2）创建圆锥屋顶

在"建筑"面板的"屋顶"下拉列表中选择"迹线屋顶"选项，进入绘制屋顶轮廓草图模式。

打开"属性"对话框，可以修改屋顶属性，如图 8.3 所示。用"拾取墙""线"或"起点 - 终点 - 半径弧"命令绘制有圆弧线条的封闭轮廓线，选择轮廓线。在选项栏勾选"定义坡度"复选框，"⌐ 30.00°"符号将出现在其上方，单击角度值设置屋面坡度。单击完成绘制，如图 8.4 所示。

图 8.3

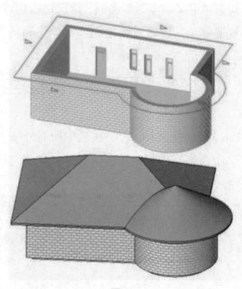

图 8.4

3）四面双坡屋顶

在"建筑"面板的"屋顶"下拉列表中选择"迹线屋顶"选项，进入绘制屋顶轮廓草图模式。

在选项栏取消勾选"定义坡度"复选框，用"拾取墙"或"线"命令绘制矩形轮廓。选择"参照平面"绘制参照平面，调整临时尺寸使左、右参照平面间距等于矩形宽度。在"修改"栏选择"拆分图元"选项，在右边参照平面处单击，将矩形长边分为两段。

在添加坡度箭头 坡度箭头 选择"修改 | 屋顶"→"编辑迹线"选项卡，单击"绘制"面板中的"属性"按钮，设置坡度属性，单击完成屋顶，完成绘制，如图 8.5 所示。

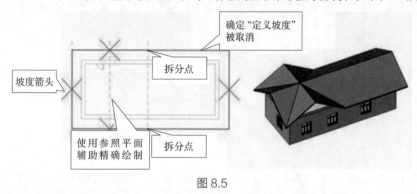

图 8.5

【注意】

单击坡度箭头可在"属性"中选择尾高和坡度，如图 8.6 所示。

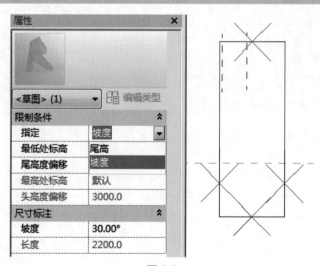

图 8.6

4）双重斜坡屋顶（截断标高应用）

在"建筑"面板的"屋顶"下拉列表中选择"迹线屋顶"选项，进入绘制屋顶轮廓草图模式。使用"拾取墙"或"线"命令绘制屋顶，设置属性面板中"截断标高"和"截断偏移"，如图 8.7 所示。单击完成绘制，如图 8.8 所示。

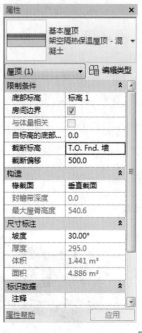

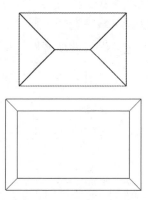

图 8.7

用"迹线屋顶"命令在截断标高上沿第一层屋顶洞口边线绘制第二层屋顶。如果两层屋顶的坡度相同，在"修改"选项卡的"编辑几何图形"中选择 连接/取消连接屋顶 选项，连接两个屋顶，隐藏屋顶的连接线，如图 8.9 所示。

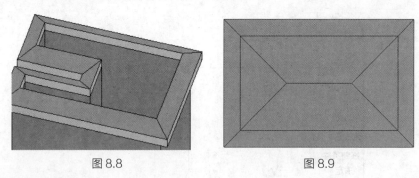

图 8.8　　　　　　　　　　　　　　　图 8.9

5）编辑迹线屋顶

选择迹线屋顶，单击屋顶，进入修改模式，选择"编辑迹线"按钮，修改屋顶轮廓草图，完成屋顶设置。

属性修改："属性"修改所选屋顶的标高、偏移、截断层、椽截面、坡度角等；"编辑类型"可以设置屋顶的构造（结构、材质、厚度）、图形（粗略比例、填充样式）等，如图 8.10 所示。

选择"修改"选项卡下"编辑几何图形"中的 连接/取消连接屋顶 选项，连接屋顶到另一个屋顶或墙上，如图 8.11 所示。

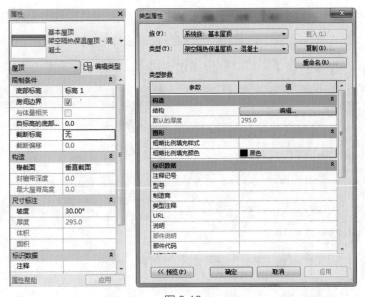

图 8.10

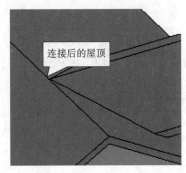

图 8.11

对于从平面上不能创建的屋顶，可以从立面上用拉伸屋顶着手创建模型，如图 8.12 所示。

①创建拉伸屋顶。在"建筑"面板中单击"屋顶"下拉按钮，在弹出的下拉列表中选择"拉伸屋顶"选项，进入绘制轮廓草图模式。

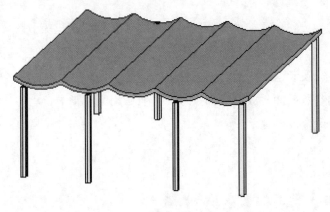

图 8.12

在"工作平面"对话框中设置工作平面（选择参照平面或轴网绘制屋顶截面线），选择工作视图（立面、框架立面、剖面或三维视图作为操作视图）。

在"屋顶参照标高和偏移"对话框中选择屋顶的基准标高，如图 8.13 所示。

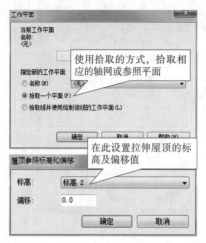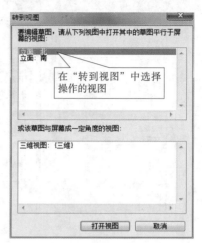

图 8.13

绘制屋顶的截面线（单线绘制，无须闭合），单击 ⌒ 设置拉伸屋顶起点、终点、半径，完成绘制，如图 8.14 所示。单击完成绘制，如图 8.15 所示。

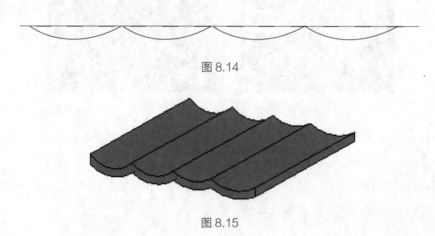

图 8.14

图 8.15

②框架立面的生成。创建拉伸屋顶时，经常需要创建一个框架立面，以便于绘制屋顶的截面线。

选择"视图"选项卡，在"创建"面板的"立面"下拉列表中选择"框架立面"选项，点选轴网或命名的参照平面，放置立面符号。"项目浏览器"中自动生成一个"立面 1-a"视图，如图 8.16 所示。

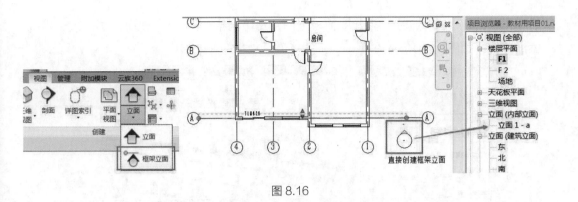

图 8.16

③编辑拉伸屋顶。选择拉伸屋顶，单击选项栏中的"编辑轮廓"按钮，修改屋顶草图，完成屋顶。

属性修改：修改所选屋顶的标高、拉伸起点、终点、椽截面等实例参数；编辑类型属性可以设置屋顶的构造（结构、材质、厚度）、图形（粗略比例填充样式）等。

8.1.2 面屋顶

在"建筑"面板中的"屋顶"下拉按钮，在弹出的下拉列表中选择"面屋顶"选项，进入"放置|面屋顶"选项卡，拾取体量图元或常规模型族的面生成屋顶。

选择需要放置的体量面，可在"属性"设置其屋顶的相应属性，可在类型选择器中直接设置屋顶类型；最后，单击"创建屋顶"按钮完成面屋顶的创建，如需其他操作请单击"修改"按钮后恢复正常状态，如图 8.17 所示。

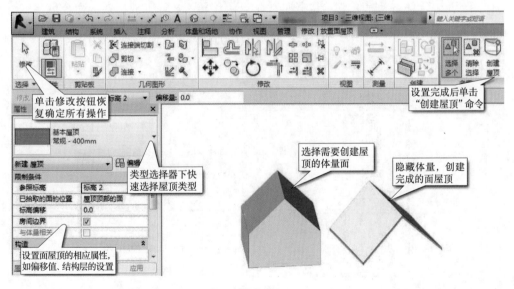

图 8.17

8.1.3 玻璃斜窗

单击"建筑"面板下的"屋顶"选项，在左侧属性栏中选择类型选择器下拉列表中选择"玻璃斜窗"选项，完成绘制。

　　单击"建筑"选项卡中"构建"面板下的"幕墙网格"按钮分割玻璃，用"竖梃"命令添加竖梃，如图 8.18 所示。

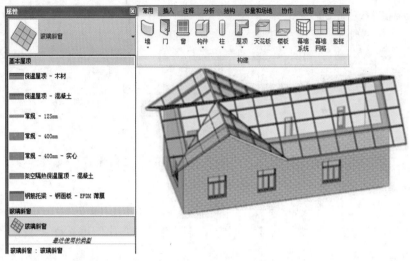

图 8.18

8.1.4　特殊屋顶

　　对于造型比较独特、复杂的屋顶，我们可以在位创建屋顶族。

　　选择"建筑"选项卡，在"创建"面板下的"构件"下拉列表中选择"内建模型"选项，在"族类别和族参数"对话框中选择族类别"屋顶"，输入名称进入创建族模式。

　　使用"形状"下拉列表中对应的拉伸、融合、旋转、放样、放样融合命令创建三维实体和洞口。单击"完成模型"按钮，完成特殊屋顶的创建，如图 8.19 所示。

图 8.19

【注意】

由于内建模型会影响项目的大小及运行速度，建议少用内建模型。

8.2　屋檐底板、封檐带、檐沟

1）屋檐底板

选择"建筑"选项卡，在"构建"面板的"屋顶"下拉列表中选择"屋檐底边"选项，进入绘制轮廓草图模式。

单击"拾取屋顶"按钮选择屋顶，单击"拾取墙"按钮选择墙体，自动生成轮廓线。使用"修剪"命令修剪轮廓线成一个或几个封闭的轮廓，然后完成绘制。

在立面视图中选择屋檐底板，修改"属性"参数为"与标高的高度偏移"，设置屋檐底板与屋顶的相对位置。

单击"修改"选项卡下"几何图形"面板上的"连接"按钮命令，连接屋檐底板和屋顶，如图 8.20 所示。

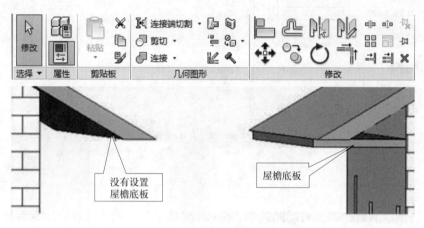

图 8.20

2）封檐带

选择"建筑"选项卡，在"构建"面板中"屋顶"下拉列表中选择"封檐带"选项，进入拾取轮廓线草图模式。

单击拾取屋顶的边缘线，自动以默认的轮廓样式生成"封檐带"，单击"当前完成"按钮，完成绘制，如图 8.21 所示。

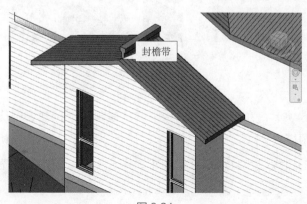

图 8.21

在立面视图中选择屋檐底板，修改"实例属性"参数为"设置轮廓的垂直水平轮廓偏移"，设置屋檐底板与屋顶的相对位置、轮廓的角度值、轮廓样式及封檐带的材质显示，如图 8.22 所示。

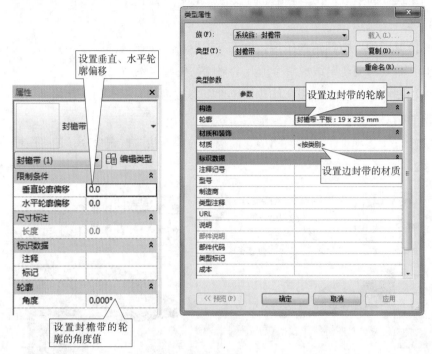

图 8.22

选择已创建的封檐带，自动跳转到"修改 | 封檐带"选项卡，在"屋顶封檐带"面板中可以选择"添加 / 删除线段"或"修改斜接"选项，修改斜接的方式有"垂直""水平""垂足"3 种方式，如图 8.23 所示。

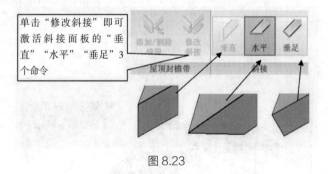

图 8.23

3）檐沟

选择"建筑"选项卡，在"构建"面板下的"屋顶"下拉列表中选择"檐沟"选项，进入拾取轮廓线草图模式。

单击拾取屋顶的边缘线，自动以默认的轮廓样式生成"檐沟"，单击"当前完成"按钮，完成绘制。

在立面视图中选择屋檐沟，修改"属性"参数为"设置轮廓的垂直、水平轮廓偏移"，设置屋檐底板与屋顶的相对位置、轮廓的角度值、轮廓样式及封檐带的材质显示。

选择已创建的封檐带，自动跳转到"修改 | 檐沟"选项卡，单击"屋顶檐沟"面板上的"添加 / 删除线段"按钮，修改檐沟路径，单击"当前完成"按钮完成绘制。

【注意】

封檐带与檐沟的轮廓可以用"公制轮廓·主体"族样板，创建适合自己项目的二维轮廓族。

8.3   天花板

8.3.1   天花板的绘制

单击"建筑"选项卡下"构建"面板中的"天花板"工具，自动弹出"放置 | 天花板"上下文选项卡，如图 8.24 所示。

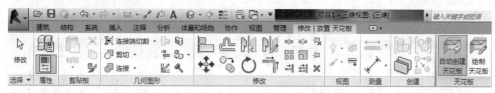

图 8.24

单击"属性"，可以修改天花板的类型。选定天花板类型后，单击"绘制天花板"工具，进入天花板轮廓草图绘制模式。

单击"自动创建天花板"按钮，可以在以墙为界限的面积内创建天花板，如图 8.25 所示。

也可以自行创建天花板，单击"绘制"面板中的"边界线"工具。选择边界线类型后即可在绘图区域绘制天花板轮廓，如图 8.26 所示。

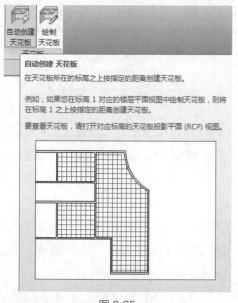

图 8.25

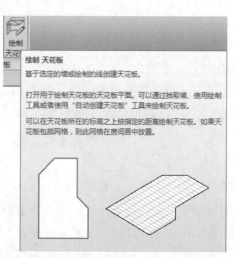

图 8.26

8.3.2　天花板参数的设置

1）修改天花板安装高度

在"属性"中，修改"自标高的高度偏移"一栏的数值，可以修改天花板的安装位置，如图 8.27 所示。

2）修改天花板结构样式

单击"实例属性"对话框中的"编辑类型"按钮，在弹出的"类型属性"对话框中单击"结构"栏的"编辑"按钮。然后，在弹出的"编辑部件"对话框中单击"面层 2[5]"的"材质"，材质名称后会出现带省略号的按钮。单击此按钮，弹出"材质"对话框，在"着色"选项卡下单击"表面填充图案"后的按钮，在弹出的"填充样式"对话框中有"绘图"与"模型"两种填充图像类型。

当选择"绘图"类型时，填充图案不支持移动、对齐，还会随着视图比例的大小变化而变化。选择"模型"类型时，填充图案可以移动或对齐，不会随比例大小的变化而变化，而是始终保持不变。此处选择"模型"类型，进行填充样式的设置，如图 8.28 所示。

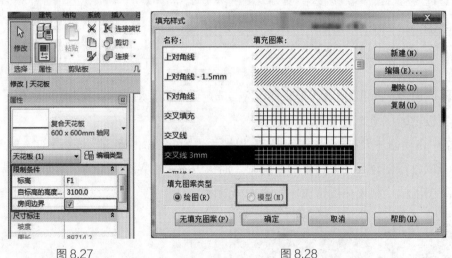

图 8.27　　　　　　　　　　　　　　图 8.28

8.3.3　为天花板添加洞口或坡度

1）绘制坡度箭头

选择天花板，单击"编辑边界"工具，在自动弹出的"修改 | 天花板 | 编辑边界"选项卡的"绘制"面板中单击"坡度箭头"工具，绘制坡度箭头，修改属性，设置"尾高度偏移"或"坡度"值，然后确定完成绘制。

2）绘制洞口

选择天花板，单击"编辑边界"工具，在自动弹出的"修改 | 天花板 | 编辑边界"选项卡的"绘制"面板中单击"边界线"工具；在天花板轮廓上绘制一闭合区域，单击"完成天花板"按钮，完成绘制，即可在天花板上打开洞口，如图 8.29 所示。

在建筑中，天花板的洞口一般都经过造型处理，可以通过内建族来创建绘制天花板的翻边。

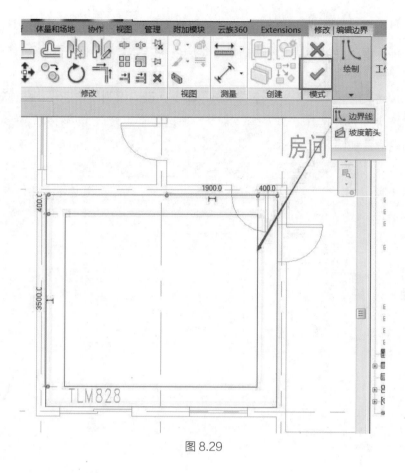

图 8.29

8.4   整合应用技巧

导入实体生成屋顶是指导入其他三维软件绘制的屋顶造型，通过在 Revit 中导入 SAT 文件，但必须在建模创建的过程中设定其族类别为屋顶。这样导入的实体才具备屋顶的某些特殊属性，如可以使墙体附着、开天窗等。

拾取墙生成的屋顶会与墙体发生约束关系，墙体移动屋顶会随之发生相应变化，而直接绘制的屋顶不会随墙体的变化而变化。

1）异型坡屋顶的创建

要创建的多坡屋顶如图 8.30 所示。

图 8.30

打开项目。在"项目浏览器"中双击"楼层平面"项下的"3F"，打开三层平面视图。单击鼠标右键选择"视图属性"命令，进入视图"图元属性"对话框，设置参数"基线"为"2F"，单击"确定"。

单击"构建"→"屋顶"→"迹线屋顶"命令，进入绘制屋顶迹线草图模式。

在"绘制"面板中选择"边界线"命令，在选项栏上修改"偏移量"为 800 mm，绘制出屋顶的轮廓，如图 8.31 所示。

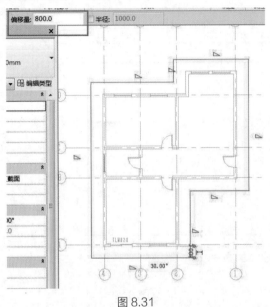

图 8.31

单击"屋顶属性"命令，设置屋顶的"坡度"参数为 22°。

单击"常用"选项卡"参照平面"命令，如图 8.32 所示。绘制两条参照平面和中间两条水平迹线平齐，并和左右最外侧的两条垂直迹线相交。

单击"创建屋顶迹线"上下文选项卡下"编辑"面板中"拆分"工具，移动光标到参照平面和左右最外侧的两条垂直迹线交点位置分别单击鼠标左键，将两条垂直迹线拆分成上下两段。拆分位置如图 8.32 所示。

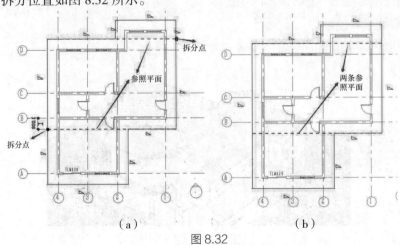

（a）　　　　　　　　　　　　　（b）

图 8.32

按住【Ctrl】键单击选择最左侧迹线拆分后的上半段和最右侧迹线拆分后的下半段，选项栏取消勾选"定义坡度"选项，取消坡度。

单击"完成屋顶"命令创建 3 层多坡屋顶。完成绘制如图 8.33 所示。保存文件。

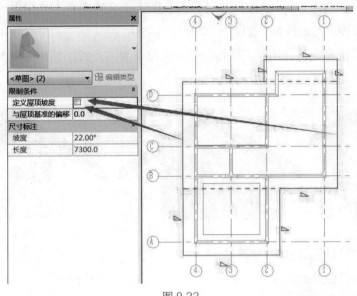

图 8.33

绘制异型坡屋顶，如图 8.34 所示。

单击"构建"→"屋顶"→"迹线屋顶"命令，进入绘制屋顶迹线草图模式。

在"绘制"面板中选择"边界线"命令，在选项栏上修改"偏移量"为 800 mm，绘制出屋顶的轮廓，如图 8.35 所示。

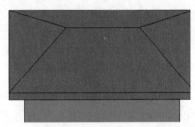

图 8.34

单击"修改"面板中"拆分"工具，将屋顶右边拆分为 3 段，去选两端线段"定义坡度"，在"属性"对话框中修改"与屋顶基准的偏移"栏后的数值，确定，如图 8.36 所示。

单击"完成屋顶"，完成绘制。

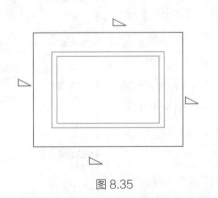

图 8.35

图 8.36

2）设置屋顶檐口高度与对齐屋檐

使用"屋顶"→"迹线屋顶"工具，定义"悬挑"数值绘制双坡屋顶，完成绘制，如图 8.37 所示。

选择该屋顶，单击自动弹出的"修改 | 屋顶"上下文选项卡下"编辑边界"工具，把屋顶一边向外拉伸，完成绘制，如图 8.38 所示。

回到编辑屋顶模式，使用对齐屋檐命令。先单击要对齐的屋檐，再单击需要对齐的屋檐，效果如图 8.39 所示。

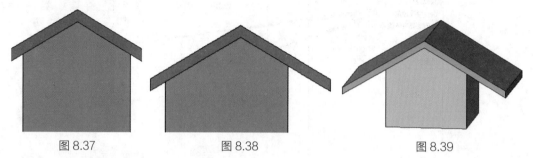

| 图 8.37 | 图 8.38 | 图 8.39 |

3）屋脊及檐口详图构造的处理

屋脊具有不同的外形，采用"建筑"→"构建"→"内建模型"→"实心"→"放样"的方法来做。在进行建模放样的过程中，要设好族类别，以便工程后期的统计，具体操作参考 8.5 节"古建筑屋顶的建立"。

4）檐口构造的设置

在屋面的图元属性对话框中，都有关于檐口构造的两个参数：椽截面、封檐带深度。其中，"椽截面"参数后的下拉窗口中有"垂直截面""垂直双截面""正方形双截面"3 个选项，如图 8.40 所示。当设置为"垂直双截面""正方形双截面"选项时，"封檐带深度"的值才可以设置。

"垂直截面"为建立屋面时的默认选项，这时屋面檐口面铅垂于地面，如图 8.41 所示。

"垂直双截面"时，随着"封檐带深度"参数值的变化，有 3 种状态："封檐带深度"为 0 时为一种状态，檐口仅有水平面，如图 8.42 所示；当"0< 封檐带深度 <（屋面厚度）/cos（坡度角）"时为一种状态，檐口有铅垂于地面和水平于地面的两个面，如图 8.43 所示；当"封檐带深度 ≥（屋面厚度）/cos（坡度角）"为一种状态，檐口同图 8.41 中"垂直截面"时的样式。

"正方形双截面"时，随着"封檐带深度"参数值的变化，也有 3 种状态："封檐带深度"为 0 时为一种状态，

图 8.40

檐口仅有水平面，如图 8.44 所示；当"0< 封檐带深度 < 屋面厚度"时为一种状态，檐口有垂直于屋面板和水平于地面的两个面，如图 8.45 所示。当"封檐带深度 ≥ 屋面厚度"为一种状态，檐口仅有垂直于屋面板的面，如图 8.46 所示。

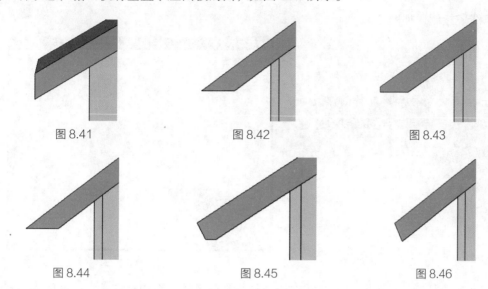

图 8.41　　　　　　　　图 8.42　　　　　　　　图 8.43

图 8.44　　　　　　　　图 8.45　　　　　　　　图 8.46

檐沟的制作可以使用"建筑"→"屋顶"→"檐沟"工具，也可以使用"构建"→"内建模型"→"实心"→"放样"的方法。

【注意】
在制作过程中檐沟的轮廓要根据不同檐口的形式来绘制。

8.5　古建筑屋顶的创建

古建筑屋面模型无法使用系统屋面来进行建模，因此需要使用内建族来进行模型的创建。首先建立六角亭的一个单元，再进行径向阵列来完成整体屋面，建模的难点就在于单元模型的建立。

首先，规划屋顶的大小，并添加主要的参照平面来确定屋顶的中心位置及单元的夹角。

1）望板及筒瓦在位族的建立

①单击"常见"选项卡下"构建"面板中"构件"工具下拉按钮，使用"内建模型"命令，在自动弹出的"族类别和族参数"对话框中，选择族类别为"屋顶"后并确定。在出现的"名称"对话框中为当前创建的族命名，确定后进入族绘制模式。

②单击"基准"面板下"参照平面"工具下拉按钮，选择"绘制参照平面"命令绘制参照平面。单击"常用"选项卡下"工作平面"面板中的"设置"工具。在"工作平面"对话框中选择"拾取一个平面"确定后，在平面视图中拾取添加的用于确定中心的水平参照平面，然后选择进入对应的立面视图。

③在"内建模型"上下文选项卡，单击"在位建模"面板中"实心"→"放样"工具。在自动弹出的"放样"选项卡下，单击"模式"面板中"绘制路径"工具，进入绘制路径模式。

在"绘制"状态下开始绘制 2D 路径，绘制的路径为望板在剖面中板面的上缘线，均采用直线段绘制，如图 8.47 所示。

【提示】

绘制的路径的折线段应根据设计，尽量符合古建筑屋面檩架的举折模数，这样建立的模型才更加逼真。

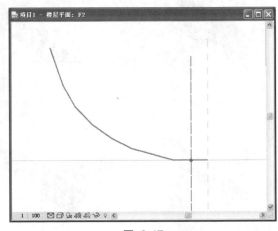

图 8.47

④完成路径后开始绘制轮廓，并选择到与绘制路径的立面相垂直的立面视图中进行绘制，按照屋面的起翘绘制封闭的轮廓线（图 8.48），确定后完成此次放样，如图 8.49 所示。

⑤切换到平面视图，在"族"状态下通过"构建"→"构件"→"空心"→"拉伸"进入绘制状态开始建立掏空模型。

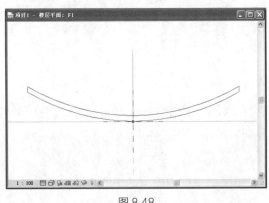

图 8.48

图 8.49

⑥根据望板单元的平面投影形状绘制拉伸轮廓线，如图 8.50 所示。完成模型后，拉伸"空心拉伸"模型的上下"造型操控手柄"，使掏空模型在高度范围上覆盖实心放样的高度，如图 8.51 所示。

⑦使用"修改"选项卡下"编辑几何形体"面板中"剪切"工具为建立的实心放样模型和空心拉伸模型做剪切，得到最终的望板模型，如图 8.52 所示。

⑧在平面视图中，将刚才建立的实心形状的模型和空心形状的模型，并复制一个副本到旁边固定距离的位置，如往下复制 6000 mm。

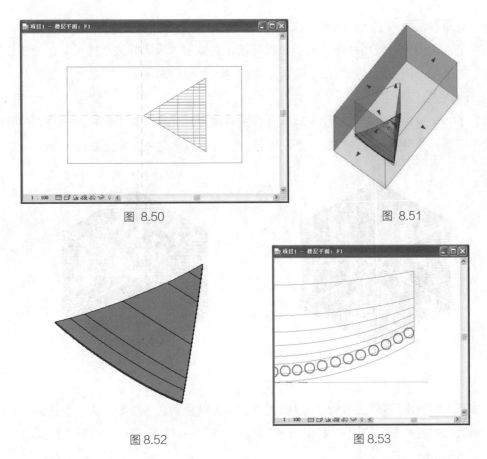

图 8.50

图 8.51

图 8.52

图 8.53

⑨将原件模型修改为筒瓦的模型：选中原件中的实心形状模型，单击"形状"面板中的"编辑放样"进入绘制状态，通过单击"模式"面板下"选择轮廓"命令，在弹出的"修改轮廓"上下文选项卡，单击"编辑"面板中"编辑轮廓"工具来编辑原有的轮廓；为在原有的轮廓线基础上添加了新的轮廓———一组同样大小的圆圈，之后应删除原有的轮廓线，如图 8.53 所示。

⑩保留原来的路径，完成对实心形状模型的编辑，如图8.54所示。

⑪将副本的模型移动回原来的位置（在平面视图中向上移动6000 mm），与编辑后的原件模型合并，完成最终的模型，如图8.55所示。

图 8.54

图 8.55

⑫完成所有模型的建立后回到族状态下，点击"完成模型"完成当前族的制作。

⑬在平面视图中，使用径向阵列望板筒瓦族，并选中"成组并关联选项"，调整并加大阵列组的半径，使它们之间留出间隙来添加屋脊，如图8.56所示。

2）屋脊在位族的建立

①为了在建模过程中能尽量使用默认存在的视图，首先确定在平面视图中垂直的方向建立屋脊模型，并沿屋脊方向添加一个剖面视图，方便以后建模，如图 8.57 所示。

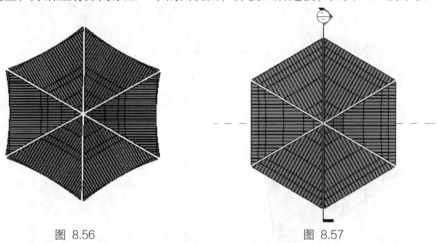

图 8.56　　　　　　　　　　　　　　　　　　图 8.57

②按照上面的步骤开始创建新的屋面类型的族：设置垂直参照平面为工作平面，并进入预先添加的剖面视图，使用"常用"→"内建模型"→"实心"→"放样"工具，先绘制路径，如图 8.58 所示。

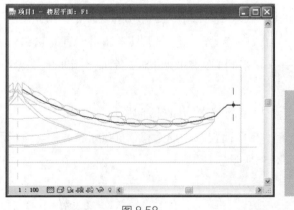

图 8.58

【提示】

在剖面视图中更容易观察望板板面的轮廓走向，便于为绘制路径进行准确的定位。

③绘制轮廓时，选择对应的立面视图进行绘制，轮廓样式如图 8.59 所示。

④完成实心放样后，在剖面视图中添加"空心拉伸"来修整实心放样模型，如图 8.60 所示。

⑤最终完成屋脊在位族如图 8.61 所示。

⑥选中阵列的屋面组，单击"成组"面板中的"编辑组"按钮，单击出现的"编辑组"面板中的"添加"按钮，将屋脊在位族添加到阵列组里，如图 8.62 所示。

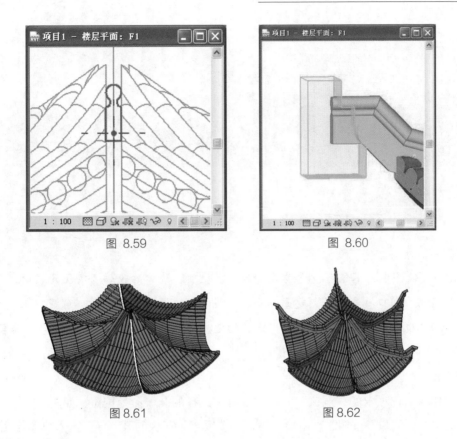

图 8.59   图 8.60

图 8.61   图 8.62

3）宝顶在位族的建立

①宝顶在位族在建模时，使用"常用"→"内建模型"→"实心"→"旋转"工具来建立模型，如图 8.63 所示。

②至此完成全部屋顶模型的建立，如图 8.64 所示。

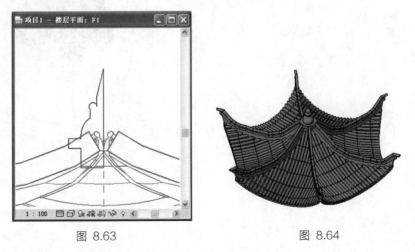

图 8.63   图 8.64

第9章 洞 口

在 Revit 软件中，不仅可以通过编辑楼板、屋顶、墙体的轮廓来实现开洞口，而且还提供了专门的"洞口"命令来创建面洞口、垂直洞口、竖井洞口、老虎窗洞口等。此外，对于异型洞口造型，还可以通过创建内建族的空心形式，采用剪切几何形体命令来实现。

1）面洞口

在"建筑"选项卡的"洞口"面板中有可供选择的洞口命令按钮，如图 9.1 所示。

单击"按面洞口"按钮，点击拾取屋顶、楼板或天花板的某一面，进入草图绘制模式，绘制洞口形状，于该面进行垂直剪切，单击"完成洞口"按钮，完成洞口的创建，如图 9.2 所示。

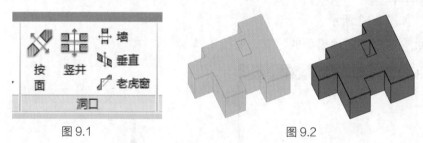

图9.1   图9.2

2）竖井洞口

单击"竖井洞口"按钮，点击拾取屋顶、楼板或天花板的某一面，进入草图绘制模式，在属性选项中设置顶底的偏移值和裁切高度，如图 9.3 所示。接下来绘制洞口形状，在建筑的整个高度上（或通过选定标高）剪切洞口，单击"完成洞口"按钮，完成洞口的创建，如图 9.4 所示。

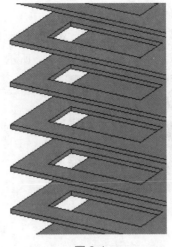

图9.3　　　　　　　　　　　　　图9.4

3）墙洞口

单击"墙洞口"按钮，点击选择墙体，绘制洞口形状，完成洞口的创建，如图9.5所示。

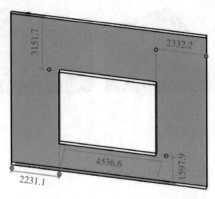

图9.5

4）垂直洞口

单击"垂直洞口"按钮，单击拾取屋顶、楼板或天花板的某一面，进入草图绘制模式，绘制洞口形状，于某个标高进行垂直剪切，单击"完成洞口"按钮，完成洞口的创建，如图9.6所示。

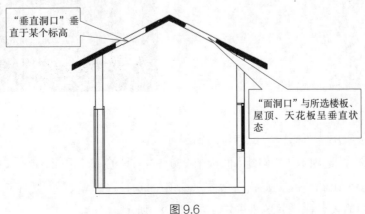

图9.6

5）老虎窗洞口

①在双坡屋顶上创建老虎窗所需的三面墙体，并设置其墙体的偏移值，如图 9.7（a）所示。创建双坡屋顶，如图 9.7（b）所示。

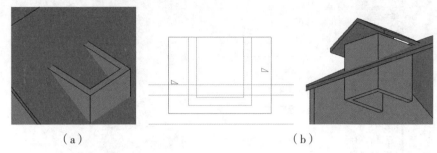

（a）　　　　　　　　　　　　　　　　　（b）

图 9.7

②将墙体与两个屋顶分别进行附着处理，如图 9.8 所示。

③将老虎窗屋顶与主屋顶进行"连接屋顶"处理，如图 9.9 所示。

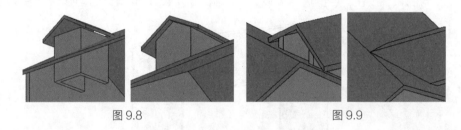

图 9.8　　　　　　　　　　　　图 9.9

④单击"老虎窗洞口"按钮。拾取主屋顶，进入"拾取边界"模式，选择老虎窗屋顶或其底面、墙的侧面、楼板的底面等有效边界，修剪边界线条，完成边界剪切洞口，如图 9.10 所示。

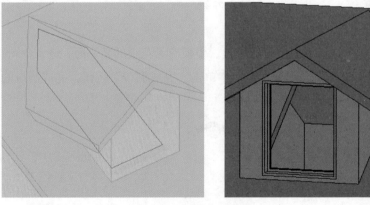

图 9.10

6）整合应用技巧——异型洞口的创建

单击"建筑"选项卡下"构建"面板中"构件"工具的下拉按钮，选择"内建模型"工具。

单击自动弹出的"族类别和族参数"选项中选择"常规模型"。单击确定后，在弹出的"名称"中输入名称，并单击确定，如图 9.11 所示。

单击"创建"选项卡下 "形状"面板中"空心形状"工具的下拉按钮，选择"空心融合"命令。

先绘制洞口下部边线，再单击"模式"面板中的"编辑顶部"工具，绘制洞口上部边线，单击"完成融合"，完成绘制过程。

图 9.11

然后在立面上调整其位置，使融合体下边与楼板下边重合，上边与楼板上边重合。单击"完成编辑"，绘制结束，如图 9.12 所示。

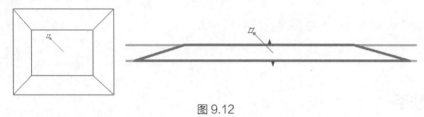

图 9.12

单击"修改"选项卡下"几何图形"面板中"剪切几何形体"工具，用鼠标单击融合体与楼板，完成剪切。单击"完成模型"，完成绘制，如图 9.13 所示。

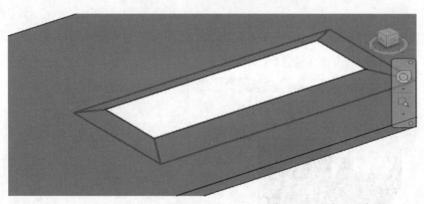

图 9.13

第 10 章　扶手、楼梯和坡道

本章采用功能命令和案例讲解相结合的方式，详细介绍扶手楼梯和坡道的创建和编辑方法，并对项目应用中可能遇到的各类问题进行讲解。

10.1　扶手

1）扶手的创建

单击"建筑"选项卡下"楼梯坡道"面板中的"栏杆扶手"按钮，进入绘制栏杆扶手轮廓模式。

用"线"绘制工具绘制连续的扶手轮廓线（楼梯扶手的平段和斜段要分开绘制）。

单击"完成扶手"按钮创建扶手，如图 10.1 所示。

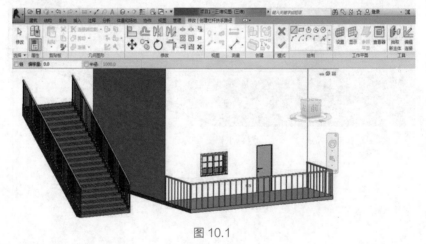

图 10.1

2）扶手的编辑

①选择扶手，然后单击"修改栏杆扶手"选项卡下"模式"面板中的"编辑路径"按钮，编辑扶手轮廓线位置。

②属性编辑：自定义扶手。单击"插入"选项卡下"从库中载入"面板中的"载入族"按钮，载入需要的扶手、栏杆族。单击"建筑"选项卡下"楼梯坡道"面板中的"栏杆扶

手"按钮,在"属性"面板中,单击"编辑类型",弹出"类型属性"对话框,编辑类型属性,如图 10.2 所示。

单击"扶栏结构"栏对应的"编辑"按钮,弹出"编辑扶手"对话框,编辑扶手结构;插入新扶手或复制现有扶手,设置扶手名称、高度、偏移、轮廓、材质等参数,调整扶手上、下位置,如图 10.3 所示。

图 10.2

图 10.3

单击"栏杆位置"栏对应的"编辑"按钮,弹出"编辑栏杆"对话框,编辑栏杆位置;布置主栏杆样式和支柱样式——设置主栏杆和支柱的栏杆族、底部及偏移、顶及顶部偏移、相对距离、偏移等参数。确定后,创建新的扶手样式、栏杆主样式,并按图中样式设置各参数,如图 10.4 所示。

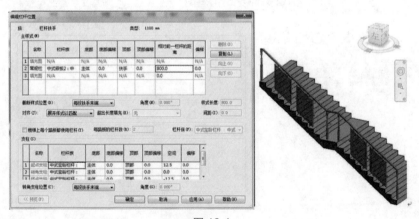

图 10.4

3)扶手连接设置

Revit允许用户控制扶手的不同连接形式,扶手类型属性参数包括"斜接""切线连接""扶手连接"。

①斜接:如果两段扶手在平面内成角相交,但没有垂直连接,Revit 既可添加垂直或水平线段进行连接,也可不添加连接件保留间隙。这样即可创建连续扶手,且从平台向上延伸的楼梯梯段的起点无法由一个踏板宽度显示,如图 10.5 所示。

图 10.5

②切线连接：如果两段相切扶手在平面内共线或相切，但没有垂直连接，Revit 既可添加垂直或水平线段进行连接，也可不添加连接件保留间隙。这样即可在修改了平台处扶手高度，或扶手延伸至楼梯末端之外的情况下创建光滑连接，如图 10.6 所示。

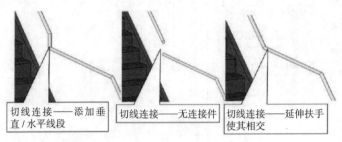

图 10.6

③扶手连接：分为修剪、结合两种类型。如果要控制单独的扶手接点，可以忽略整体的属性：选择扶手，单击"编辑"面板中的"编辑路径"按钮，进入编辑扶手草图模式；单击"工具"面板下的"编辑扶手连接"按钮，单击需要编辑的连接点；在选项栏的"扶手连接"下拉列表中选择需要的连接方式，如图 10.7 所示。

图 10.7

10.2　楼梯

10.2.1　直梯

1）用梯段命令创建楼梯

①单击"建筑"选项下"楼梯坡道"面板中的"楼梯"按钮，进入绘制楼梯草图模式。

自动激活"创建楼梯草图"选项卡，单击"绘制"面板下的"梯段"按钮，不做其他设置即可开始直接绘制楼梯。

②在"属性"面板中，单击"编辑类型"，弹出"类型属性"对话框，创建自己的楼梯样式，设置类型属性参数，即踏板、踢面、梯边梁等的位置、高度、厚度尺寸、材质、文字等，单击"确定"按钮。

③在"属性"面板中设置楼梯宽度、标高、偏移等参数，系统自动计算实际的踏步高和踏步数，单击"确定"按钮。

④单击"梯段"按钮，捕捉每跑的起点、终点位置绘制梯段。注意，梯段草图下方的提示：创建了10 个踢面，剩余 0 个。

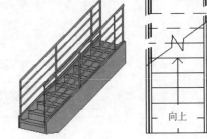

图 10.8

⑤调整休息平台边界位置，完成绘制，楼梯扶手自动生成，如图 10.8 所示。

【提示】

①绘制梯段时是以梯段中心为定位线来开始绘制的。

②根据不同的楼梯形式：单跑、双跑 L 形、双跑 U 形、三跑楼梯等，绘制不同数量、位置的参照平面以方便楼梯精确定位，并绘制相应的梯段，如图 10.9 所示。

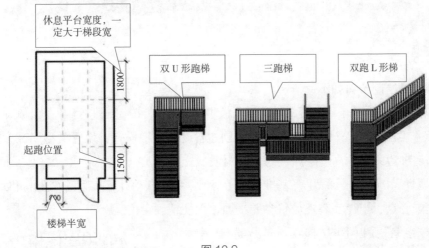

图 10.9

2）用边界和踢面命令创建楼梯

①单击"边界"按钮，分别绘制楼梯踏步和休息平台边界。

②单击"踢面"按钮，绘制楼梯踏步线。同样，注意梯段草图下方的提示，"剩余 0 个"表示楼梯跑到了预定层高位置，如图 10.10 所示。

【注意】

踏步和平台处的边界线需分段绘制，否则，软件将把平台也当成是长踏步来处理。

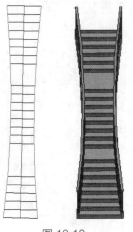

图 10.10

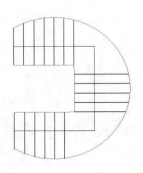 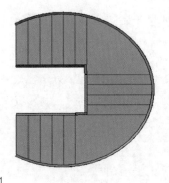

图 10.11

10.2.2　弧形楼梯

弧形楼梯的绘制步骤如下：

①单击"建筑"选项卡下"楼梯坡道"面板中的"楼梯"按钮，进入绘制楼梯草图模式。

②选择"楼梯属性"→"编辑类型"，创建自己的楼梯样式，设置类型属性参数，即踏板、踢面、梯边梁等的高度、厚度尺寸、材质、文字等。

③在"属性"中设置楼梯宽度、基准偏移等参数，系统自动计算实际的踏步高和踏步数。

④绘制中心点、半径、起点位置参照平面，以便精确定位。

⑤单击"绘制"面板下的"梯段"按钮，选择"中心-端点弧"开始创建弧形楼梯。

⑥捕捉弧形楼梯梯段的中心点、起点、终点位置绘制梯段，注意梯段草图下方的提示。若有休息平台，应分段绘制梯段。完成楼梯绘制，如图 10.12 所示。

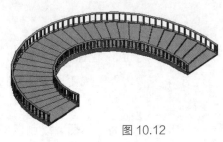

图 10.12

10.2.3　旋转楼梯

创建旋转楼梯的步骤如下：

①单击"常用"选项卡下"楼梯坡道"面板中的"楼梯"按钮，进入绘制楼梯草图模式。

②在楼梯的绘制草图模型下，选择"楼梯属性"→"编辑类型"，使用"复制"命令，创建旋转楼梯，并设置其属性，即踏板、踢面、梯边梁等的高度以及厚度尺寸、材质、文字等。

③在"属性"面板中设置楼梯宽度、基准偏移等参数，系统自动计算实际的踏步高和踏步数。

④单击"绘制"面板下的"梯段"按钮，选择"中心－端点弧"开始创建旋转楼梯。捕捉旋转楼梯梯段的中心点、起点、终点位置绘制梯段，如图 10.13 所示。

⑤完成楼梯绘制，如图 10.14 所示。

> 【注意】
> 绘制旋转楼梯时，中心点到梯段中心点的距离一定要大于或等于楼梯宽度的一半。因为绘制楼梯时都是以梯段中心线开始绘制的，梯段宽度的默认值一般为 1000 mm。所以，旋转楼梯的绘制半径要大于或等于 500 mm。

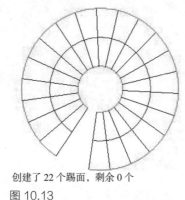

创建了 22 个踢面，剩余 0 个

图 10.13

图 10.14

10.2.4　楼梯平面显示控制

①绘制首层楼梯完毕，平面显示如图 10.15 所示。按照规范要求，通常要设置它的平面显示。

单击"视图"选项卡下"图形"面板中的"可见性/ 图形"命令。从列表中单击"栏杆扶手"前的"+"号展开，取消选择"<高于>扶手""<高于>栏杆扶手截面线""<高于>顶部栏杆"复选框。从列表中单击"楼梯"前的"+"号展开，取消勾选"<高于>剪切标记""<高于>支撑""<高于>楼梯前缘线""<高于>踢面线""<高于>轮廓"复选框，单击"确定"按钮，如图10.16所示。

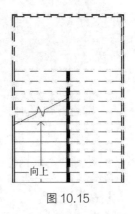

图 10.15

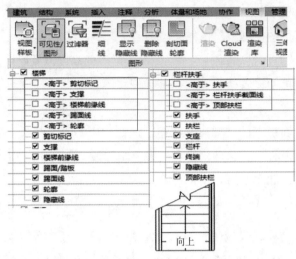

图 10.16

②根据设计需要可以自由调整视图的投影条件，以满足平面显示要求。

单击"视图"选项卡下"图形"面板中的"视图属性"按钮，弹出"视图属性"对话框；单击"范围"选项区域中"视图范围"后的"编辑"按钮，弹出"视图范围"对话框。调整"主要范围"选项区域中"剖切面"的值，修改楼梯平面显示，如图 10.17 所示。

【注意】

"剖切面"的值不能低于"底"的值，也不能高于"顶"的值。

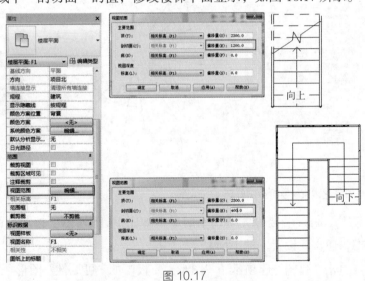

图 10.17

10.2.5　多层楼梯

楼层层高相同时，只需要绘制一层楼梯，然后修改"楼梯属性"的实例参数"多层顶部标高"的值到相应的标高，即可制作多层楼梯，如图 10.18 所示。

【建议】

多层顶部标高可以设置到顶层标高的下面一层标高，因为顶层的平台栏杆需要特殊处理。设置了"多层顶部标高"参数的各层楼梯仍是一个整体，修改楼梯和扶手参数后所有楼层楼梯均会自动更新。

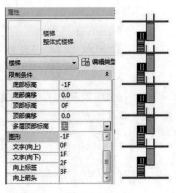

图 10.18

【提示】

楼梯扶手自动生成，但可以单独选择编辑其属性、类型属性，创建不同的扶手样式。

10.3 坡道

10.3.1 直坡道

①单击"建筑"选项卡下"楼梯坡道"面板中的"坡道"按钮，进入"创建坡道草图"模式。

②单击"属性"面板中的"编辑类型"按钮，在弹出的"类型属性"对话框中单击"复制"按钮，创建自己的坡道样式，设置类型属性参数——坡道厚度、材质、坡道最大坡度（1/x）、结构等，单击"完成坡道"按钮。

③在"属性"面板中设置坡道宽度、底部标高、底部偏移和顶部标高、顶部偏移等参数，系统自动计算坡道长度，确定，如图 10.19 所示。

④绘制参照平面：起跑位置线、休息平台位置、坡道宽度位置。

⑤单击"梯段"按钮，捕捉每跑的起点、终点位置绘制梯段，注意梯段草图下方的提示：×××创建的倾斜坡道，××××剩余。

⑥单击"完成坡道"按钮，创建坡道，坡道扶手自动生成，如图 10.20 所示。

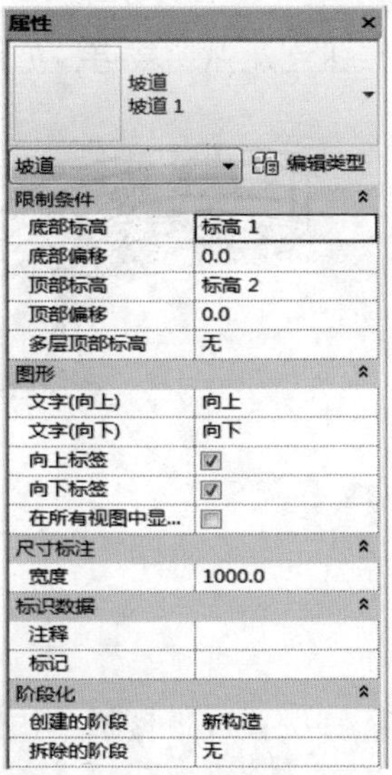

图 10.19

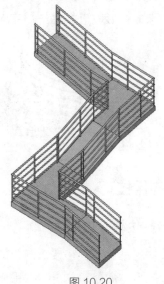

图 10.20

【提示】

①"顶部标高"和"顶部偏移"属性的默认设置可能会使坡道太长。建议将"顶部标高"和"底部标高"都设置为当前标高，并将"顶部偏移"设置为较低的值。

②可以用"踢面"和"边界"命令绘制特殊坡道,可参考用边界和踢面命令创建楼梯。

③坡道实线、结构板选项差异:选择坡道,单击"属性"面板下的"编辑类型"按钮,弹出"类型属性"对话框。若设置"其他"参数下的"造型"为"实体",则如图10.21(a)所示;若设置"其他"参数下的"造型"为"结构板",则如图10.21(b)所示。

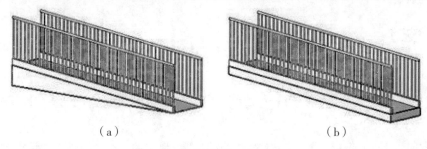

（a）　　　　　　　　　　　　　（b）

图 10.21

10.3.2　弧形坡道

①单击"建筑"选项卡下"楼梯坡道"面板中的"坡道"按钮,进入绘制楼梯草图模式。

②在"属性"面板中,同前所述,设置坡道的类型、实例参数。

③绘制中心点、半径、起点位置参照平面,以便精确定位。

④单击"梯段"按钮,选择选项栏的"中心－端点弧"选项,开始创建弧形坡道。

⑤捕捉弧形坡道梯段的中心点、起点、终点位置绘制弧形梯段,若有休息平台,应分段绘制梯段。

⑥可以删除弧形坡道的原始边界和踢面,并用"边界"和"踢面"命令绘制新的边界和踢面,创建特殊的弧形坡道。单击"完成坡道"按钮创建弧形坡道,如图 10.22 所示。

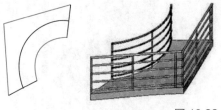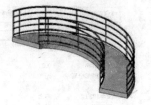

图 10.22

10.4　整合应用技巧

10.4.1　带翻边楼板边扶手

根据建筑设计规范要求,在楼板洞口的防护栏杆宜设置成带楼板翻边的栏杆。具体做法:单击"栏杆扶手"命令,单击"扶手属性",设置"类型属性"下"扶手结构"中一个扶手的"轮廓"为"楼板翻边"类型的轮廓。设置扶手轮廓的位置，绘制扶手。最终效果如图 10.23 所示。

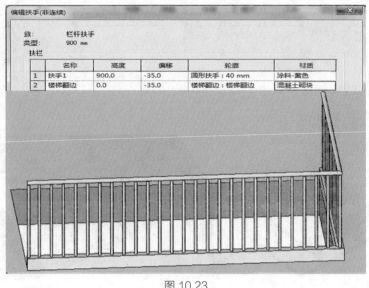

图 10.23

10.4.2 顶层楼梯栏杆的绘制与连接

绘制如图 10.24 所示的楼梯，进入二层平面。

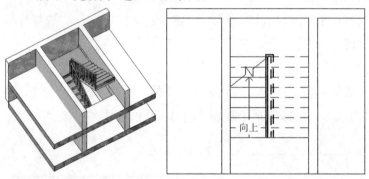

图 10.24

使用【Tab】键拾取楼梯内侧扶手，单击"编辑"面板中的"编辑路径"命令，进入扶手草图绘制模式。单击"绘制"面板的"   "工具，分段绘制扶手，如图 10.25 所示。

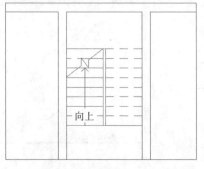

图 10.25

【注意】

扶手线一定要单独绘制成段，不能使用"修剪"命令延长原扶手线，如图 10.26 所示为分段的扶手线。

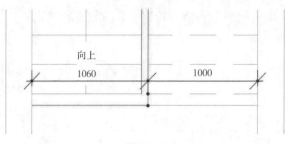

图 10.26

绘制最终结果如图 10.27 所示。

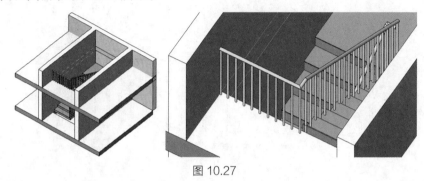

图 10.27

10.4.3 带边坡坡道族

绘制三面坡道可以用"公制常规模型 .rft"制作成族文件。

①单击应用程序菜单下拉按钮，选择"新建 . 族"，打开"新族 . 选择样板文件"对话框，选择"公制常规模型 .rft"样板文件，打开。

②在"参照标高"平面视图中绘制水平参照平面，标注尺寸并添加"坡长"参数。

③单击"创建"选项卡中的"形状"面板下的"实心 . 融合"命令，进入"创建融合底部边界"模式。如图 10.28 所示绘制底部边界，并添加"底部宽度"参数。单击"模式"

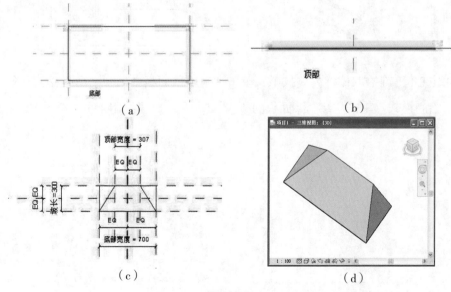

图 10.28

面板下的"编辑顶部"命令；如图 10.28 所示绘制顶部边界（顶部边界是宽度为 1 的矩形），并添加"顶部宽度"参数。进入"参照标高"平面视图，将边缘与参照平面锁定，完成融合。绘制效果如图 10.28（d）所示。

10.4.4 中间带坡道楼梯

①绘制一个整体式楼梯，将扶手删掉，如图 10.29 所示。

②单击应用程序菜单下拉按钮，选择"新建 . 族"，打开"新族 . 选择样板文件"对话框，选择"公制轮廓 . 扶手 .rft"样板文件，打开。在"公制轮廓 . 扶手 .rft"中绘制坡道截面，如图 10.30 所示，载入项目中。

③进入 F1 平面视图，单击"建筑"选项卡"楼梯坡道"面板下的"栏杆扶手"命令，进入扶手草图绘制模式。单击"扶手属性"，编辑"类型属性"中的"栏杆位置"和"扶手结构"，如图 10.31 所示。设置楼梯为主体，并沿着楼梯边缘绘制"扶手线"，完成扶手。

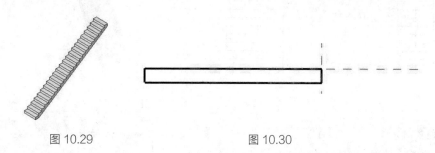

图 10.29   图 10.30

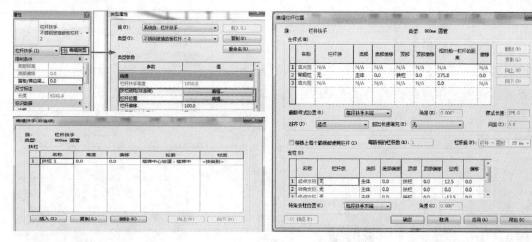

图 10.31

④进入东立面，利用参照平面量取坡道与楼梯间高度间距，选择坡道；单击"图元属性"下拉按钮，选择"类型属性"并单击，设置"扶手结构"的高度为"–174.0"，如图 10.32 所示。

⑤单击"修改"面板下的"复制"命令，复制整体式楼梯。此时，中间带坡道的楼梯绘制完毕，如图 10.33 所示。

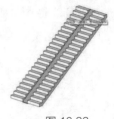

图 10.32

图 10.33

10.4.5 整体式楼梯转角踏步添加技巧

①绘制楼梯梯段，在转角处添加踢面，如图 10.34 所示。

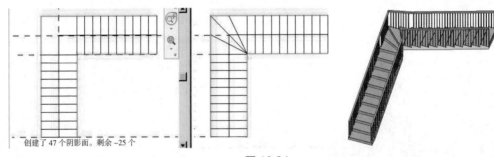

图 10.34

②选择"楼梯"，在"属性"下拉按钮中选择"类型属性"并单击，打开"类型属性"对话框。勾选"构造"参数中的"整体浇筑楼梯"，如图 10.35 所示。

③"螺旋形楼梯底面"的设置提供两种选择：阶梯式和平滑式。单击选择"阶梯式"，可控制踢面表面到底面上相应阶梯的垂直表面的距离。若为"平滑式"，添加踢面的楼梯底面显示错误，如图 10.36 所示。

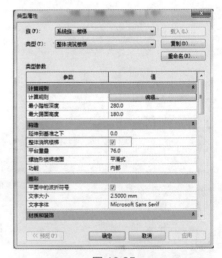

图 10.35

图 10.36

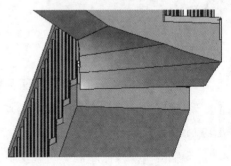

10.4.6 扶手拓展应用

由于"扶手"的特性，运用"扶手"可以绘制围篱、窗的装饰线条、墙贴面等。

下面以绘制"墙贴面"为例进行介绍。

①绘制一道墙体作为放置扶手贴面的主体，单击"插入"选项卡 "从库中载入族"面板下"载入族"命令，载入所需的轮廓族，便于绘制扶手时应用轮廓。

②单击"建筑"选项卡 "楼梯坡道"面板下"栏杆扶手"命令，使用绘制或拾取的方式沿墙体外边进行创建扶手轮廓线；单击"扶手属性"，在"类型属性"对话框中，复制一扶手类型命名为"墙贴面"。

③单击"栏杆位置"后的"编辑"按钮，在打开的"编辑栏杆位置"对话框中将"主样式""支柱"样式全部设为"无"，确定后退出，如图 10.37（a）所示。

在扶手的"类型属性"对话框中，单击"扶手结构"后的"编辑"按钮。在打开的"编辑扶手"对话框中，"轮廓"一栏调用刚刚载入进来的新轮廓，高度值按项目要求进行设置，偏移值设置为"0"，并设置其材质，如图 10.37（b）所示。

绘制的"墙贴面"如图 10.37（c）所示。

 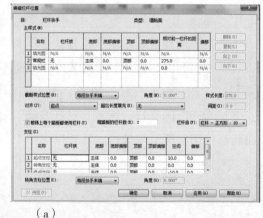

（a）

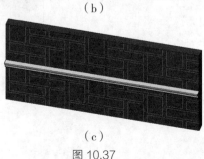

（b）

（c）

图 10.37

10.4.7　中间扶手、靠墙扶手

①楼梯梯段宽度较大时，通常要设置"中间扶手"。

单击"建筑"选项卡中的"楼梯坡道"面板下的"栏杆扶手"命令，进入扶手草图绘制模式。单击"修改"选项卡中的"工作平面"面板下的"参照平面"命令，绘制 3 个参照平面，标注尺寸并单击"EQ"。单击"工具"面板下的"设置扶手主体"命令，拾取以绘制好的楼梯为主体。使用"绘制"面板下的"线"工具，在楼梯中心位置绘制"扶手线"，将"扶手线"在休息平台两端拆分。完成扶手绘制，效果如图 10.38 所示。

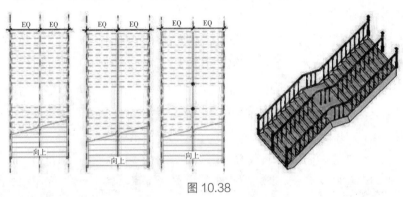

图 10.38

②"靠墙扶手"的设置。单击"栏杆扶手"类型属性对话框中"编辑栏杆位置"后的"编辑"按钮，在打开的"编辑栏杆位置"对话框中，设置如图 10.39（a）所示。一般靠墙扶手的主样式"相对前一栏杆的位置"为"600"，支柱样式需要设置起始支柱、转角支柱及终点支柱为相应的栏杆，注意"对齐方式"使用"展开样式以匹配"，并取消"楼梯上每个踏板都使用栏杆"的勾选，其效果如图 10.39（b）所示。

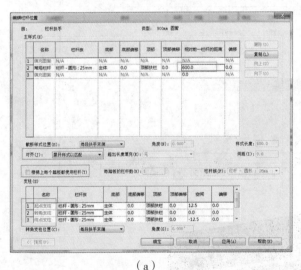

（a）

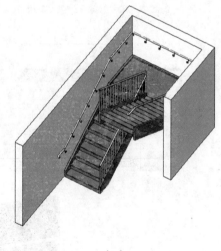

（b）

图 10.39

10.4.8   栏杆绘制实例讲解

1）打开项目并载入族文件

单击应用程序菜单下拉按钮，选择"新建_项目"并单击，选择系统默认样板，创建一个项目。单击"保存_项目"保存项目，将项目名称设为"扶手练习"。单击"插入"选项卡中的"从库中载入"面板中的"载入族"命令，进入 Metric Library/ 建筑 / 栏杆扶手 / 栏杆 / 常规栏杆 / 普通栏杆，选择文件夹中的（"栏杆.自定义 3.rft""栏杆.自定义 4.rft""栏杆嵌板 1.rft""支柱.正方形""支柱.中心柱.rft"）载入项目中。

2）绘制扶手

①进入"F1"楼层平面视图，单击"建筑"选项卡中的"楼梯坡道"面板下的"栏杆扶手"命令，进入扶手绘制草图模式。单击"绘制"面板中的"线"工具，勾选选项栏中的"链"选项，绘制如图 10.40 所示的扶手线。

②单击"属性"面板中的"编辑类型"，打开"类型属性"对话框，单击"复制"，创建一个名称为"扶手 1"的扶手。在"类型属性"对话框中，单击"扶手结构"后的"编辑"按钮，打开"编辑扶手"对话框，设置如下：

●将"扶手 1"的"名称"设为"顶部"，偏移值设为"–25.0"，"轮廓"设为"扶手圆形：直径 40 mm"，"材质"为"金属.油漆涂料"。

●单击"插入"命令，插入一个"名称"为"新建扶手（1）"的扶手，将"新建扶手（1）"的名称设为"底部"，"高度"设为"300"，"偏移值"为"–25.0"，扶手轮廓为"圆形扶手：40 mm"，"材质"为"金属"，如图 10.41 所示。

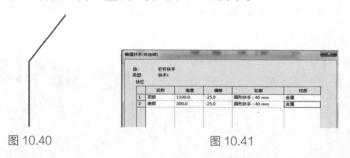

图 10.40   图 10.41

③编辑完毕后确定位置，单击"栏杆位置"后的"编辑"按钮，打开"编辑扶手"对话框。设置如下，如图 10.42 所示。

●在"主样式"下行 2 中，将"栏杆族"设为"栏杆 – 自定义 3：25 mm"，将"底部"设为"主体"，将"相对前一栏杆的距离"设为"380"。

●单击右边的"复制"命令，在"主样式"中将复制"常规栏杆"，将其名称改为"玻璃嵌板"，将"栏杆族"设为"玻璃嵌板 1:600 玻璃"，将"底部"设为"底部"，将"相对前一栏杆的距离"设为"380"。

●将行 4 的"相对前一栏杆的距离"设为"230"。

●将"对齐"方式设为"起点"，"超出长度填充"设为"无"，并取消勾选"楼梯上

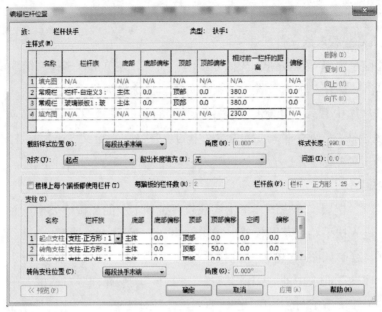

图 10.42

每个踏板都是用栏杆"。

- 在"支柱"下行 1 中,将"栏杆族"设为"支柱 - 正方形:150 mm",将空间设为"0"。
- 在行 2 中,将"栏杆族"设为"支柱 - 正方形,带球:150 mm",将顶部偏移设为"50"。
- 在行 3 中,将"栏杆族"设为"支柱 - 中心族:150mm",将空间设为"0"。
- 单击"确定"3 次。

④完成扶手,效果如图 10.43 所示。

3)调整扶手参数

①对齐。编辑栏杆位置时,"主样式"下的"对齐"有 4 种方式——起点、终点、中心、展开样式以匹配。

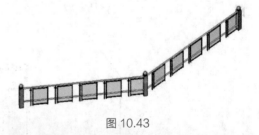

图 10.43

【提示】

只有扶手轮廓线的总长度不能被玻璃栏板的宽度整除,对齐方式的设置才会对栏杆的外观显示起到作用。

- 打开"西立面"视图,分别按上述顺序设置"对齐"方式。将"对齐"方式设为"起点","起点"表示样式始于扶手段的始端。如果样式长度不是恰为扶手长度的倍数,则最后一个样式实例和扶手段末端之间会出现多余间隙,如图 10.44 所示。
- 将"对齐"方式设为"终点","终点"表示样式始于扶手段的末端。如果样式长度不是恰为扶手长度的倍数,则最后一个样式实例和扶手段始端之间会出现多余间隙,如图 10.45 所示。

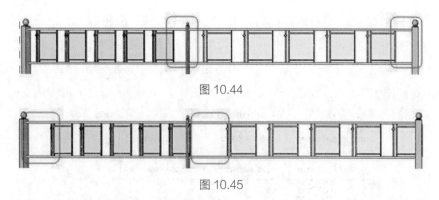

图 10.44

图 10.45

● 将"对齐"方式设为"中心","中心"表示第一个栏杆样式位于扶手段中心,所有多余间隙均匀分布于扶手段的始端和末端,如图 10.46 所示。

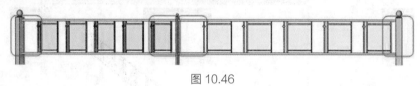

图 10.46

● 将"对齐"方式设为"展开样式以匹配","展开样式以匹配"表示沿扶手段长度方向均匀扩展样式,不会出现多余间隙,且样式的实际位置值不同于"样式长度"中指示的值,如图 10.47 所示。

图 10.47

②查看截断样式超出长度填充选项。将"编辑栏杆位置"对话框的"主样式"下,"对齐"方式设为"起点",将"超出长度填充"设为"截断样式",效果如图 10.48 所示。

③查看带指定间距的自定义栏杆超出长度填充选项。将"编辑栏杆位置"对话框的"主样式"下,"对齐"方式设为"起点",将"超出长度填充"设为"栏杆 – 自定义 3: 25 mm",将"间距"设为"150",效果如图 10.49 所示。此时,超出长度填充区域的栏杆延伸到底部扶手下面,并且不能为超出长度填充栏杆指定基准顶部和底部偏移参数。

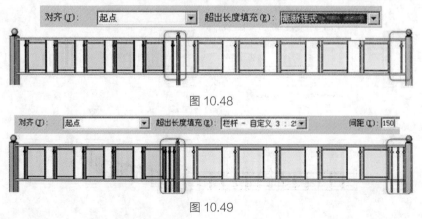

图 10.48

图 10.49

④查看支柱选项。在"编辑栏杆位置"对话框的"主样式"下,将"超出长度填充"设为"截断样式";在"支柱"下,将"转角支柱位置"设为"角度大于",并输入"54"作为"角度"。由于绘制的扶手角度为45°,小于54°,因此不会出现转角支柱,效果如图 10.50 所示。同理,若将"转角支柱位置"设为"角度大于",输入"25"作为"角度",则会出现转角支柱。

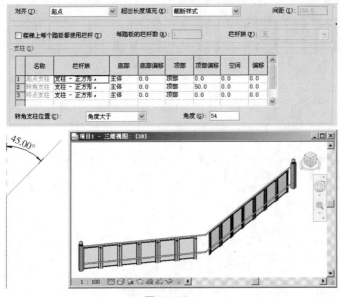

图 10.50

⑤指定最终的扶手布局。在"编辑栏杆位置"对话框的"主样式"下,执行下列操作:在行 2 中,将"相对前一栏杆的距离"改为"0"。在行 4 中,将"相对前一栏杆的距离"改为"380",将"对齐"方式设为"展开样式以匹配"。在"支柱"下,选择"每段扶手末端"作为"转角支柱位置"。此时,扶手效果如图 10.51 所示。

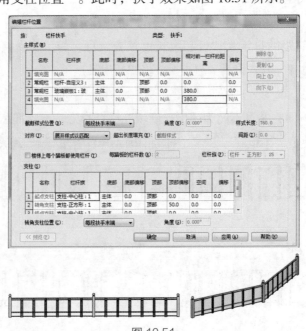

图 10.51

10.4.9 楼梯扶手拓展应用

①如图 10.52 所示异形楼梯，该楼梯可按以下思路创建。

a. 设置楼梯为无踢面无梯边梁的弧形楼梯。

b. 设置扶手位置，采用扁长型的矩形扶手轮廓来生成楼梯的玻璃栏板。设置其材质为玻璃。

c. 设置扶手位置，采用 C 型槽钢的扶手轮廓来生成梯边梁。注意设置其位置偏移。

d. 每个踏面板下的型钢支撑用栏杆制作生成。即栏杆族未必是竖向的,也可以是横向的。

e. 在栏杆位置的编辑对话框中，还可以通过设置"每踏板的栏杆数"来实现每个踏面板下都有一个型钢支撑。

图 10.52

②如图 10.53 所示异形楼梯，可按以下思路创建。

a. 图 10.53 中标注的栏杆是采用栏杆族制作的，分别设置其为"起点支柱"和"终点支柱"。注意其形式和扶手轮廓需一致。

b. 其他设置，参考上例所述方法。

请读者自行思考如何制作如图 10.54 所示的楼梯。

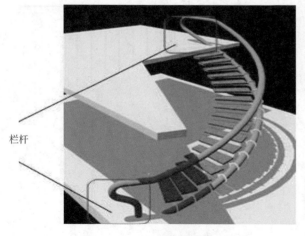

栏杆

图 10.53

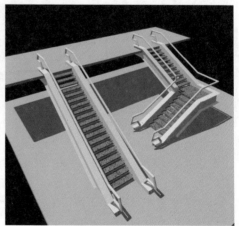

图 10.54

10.4.10　曲线型栏杆扶手的创建

如图 10.55 所示的扶手，可按以下思路创建。

①在"构件"下拉菜单中选择内建模型，选择"族类别"为"屋顶"或"楼板""实心放样"的方式绘制横向曲线型扶手，如图 10.56 所示。

②用柱来创建栏杆。插入"柱"，调整柱的尺寸，复制或阵列柱以适合栏杆排列要求。利用"屋顶"和"楼板"的可以让柱或墙"附着"的特性，选择将柱附着到类别为"屋顶"或"楼板"的扶手上，如图 10.57 所示。

图 10.55

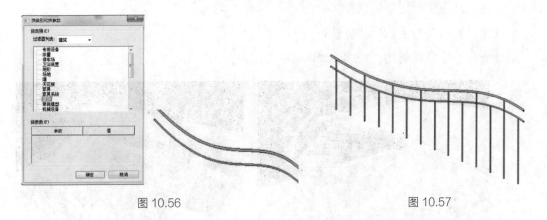

图 10.56　　　　　　　　　　　　　　　　　图 10.57

第11章 场 地

本章主要介绍场地的相关设置，地形表面、场地构件的创建与编辑的基本方法和相关应用技巧，如何应用和管理链接文件，以及共享坐标的应用和管理。

11.1 场地的设置

单击"体量和场地"选项卡下"场地建模"面板中的下拉菜单，弹出"场地设置"对话框。在其中设置等高线间隔值、经过高程、添加自定义等高线、剖面填充样式、基础土层高程、角度显示等参数，如图11.1所示。

图 11.1

11.2　地形表面的创建

11.2.1　拾取点创建

①打开"场地"平面视图，单击"体量的场地"选项卡下"场地建模"面板中的"地形表面"按钮，进入绘制模式。

②单击"工具"面板中的"放置点"按钮，在选项栏中设置高程值，单击"放置点"，连续放置生成等高线。

③修改高程值，放置其他点。

④单击"表面属性"按钮，在弹出的"属性"对话框中设置材质，单击"完成表面"按钮，完成创建，如图 11.2 所示。

图 11.2

11.2.2　导入地形表面

①打开"场地"平面视图，单击"插入"选项卡下"导入"面板中的"导入 CAD"按钮；如果有 CAD 格式的三维等高数据，也可以导入三维等高线数据，如图 11.3 所示。

②单击"体量和场地"选项卡下"场地建模"面板中的"地形表面"按钮，进入绘制模式。

③单击"通过导入创建"下拉按钮，在弹出的下拉列表中选择"选择导入实例"选项，选择已导入的三维等高线数据，如图 11.4 所示。

图 11.3

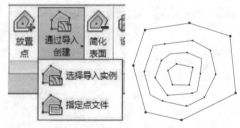

图 11.4

④系统会自动生成选择绘图区域中已导入的三维等高线数据。

⑤此时，弹出"从所选图层添加点"对话框，选择要将高程点应用到的图层，并单击"确定"按钮。

⑥ Revit Architecture 会分析已导入的三维等高线数据，并根据沿等高线放置的高程点来生成一个地形表面。

⑦单击"地形属性"按钮设置材质，完成表面。

【说明】

指定点文件是指可以根据来自土木工程软件应用程序的点文件，来创建地形表面。

11.2.3 地形表面子面域

子面域用于在地形表面定义一个面积。子面域不会定义单独的表面，它可以定义一个面积，用户可以为该面积定义不同的属性，如材质等。要将地形表面分隔成不同的表面，可使用"拆分表面"工具。

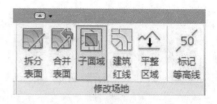

图 11.5

①单击"体量和场地"选项卡下"修改场地"面板中的"子面域"按钮，进入绘制模式，如图 11.5 所示。

②单击"线"绘制按钮，绘制子面域边界轮廓线并修剪。

③在"属性"栏中设置子面域材质，完成绘制，如图 11.6 所示。

图 11.6

【注意】

场地不支持表面填充图案。

11.3 地形的编辑

11.3.1 拆分表面

将地形表面拆分成两个不同的表面，以便可以独立编辑每个表面。拆分之后，可以将不同的表面分配给这些表面，以便表示道路、湖泊，也可以删除地形表面的一部分。如果要在地形表面框出一个面积，则无须拆分表面，用子面域即可。

①打开"场地"平面视图或三维视图，单击"体量和场地"选项卡下"修改场地"面板中的"拆分表面"按钮，选择要拆分的地形表面进入绘制模式，如图 11.7 所示。

图 11.7

②单击"线"绘制按钮，绘制表面边界轮廓线。

③在"属性"栏中设置新表面材质，完成绘制。

11.3.2　合并表面

①单击"体量和场地"选项卡下"修改场地"面板中的"合并表面"按钮，勾选选项栏上的"删除公共边上的点"复选框。

②选择要合并的主表面，再选择次表面，两个表面合二为一。

【提示】

合并后的表面材质，与先前选择的主表面相同。

11.3.3　平整区域

打开"场地"平面视图，单击"体量和场地"选项卡下"修改场地"面板中的"平整区域"按钮，在"编辑平整区域"对话框中选择下列选项之一：

①创建与现有地形表面完全相同的新地形表面。

②仅基于周界点创建新地形表面，如图 11.8 所示。

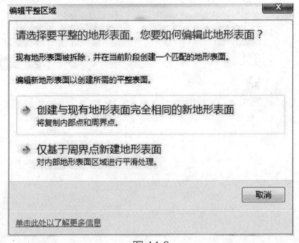

图 11.8

选择地形表面进入绘制模式，做添加或删除点、修改点的高程或简化表面等编辑，完成绘制。

【注意】

场地平整区域后将自动创建新的阶段，所以需要将视图属性中的阶段修改为新构造。

11.3.4　建筑地坪

①单击"体量和场地"选项卡下"场地建模"面板中的"建筑地坪"按钮，进入绘制模式，如图 11.9（a）所示。

②单击"拾取墙"或"线"绘制按钮，绘制封闭的地坪轮廓线，如图 11.9（b）所示。

③单击"属性"按钮设置相关参数，完成绘制，如图 11.9（c）所示。

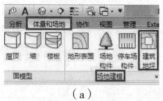

（a）

（c）

（b）

图 11.9

11.3.5 应用技巧

①建筑地坪会对地形进行挖方或填方，为切口添加边坡，如图 11.10 所示。软件本身没有添加边坡的工具，可以编辑地形。通过在建筑地坪轮廓线或轮廓线附件中，添加与建筑地坪高度接近的高程点来实现，如图 11.11 所示。

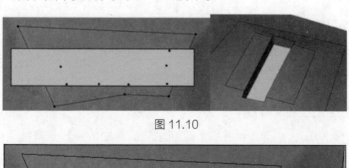

图 11.10

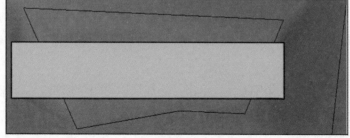

图 11.11

②隐藏等高线的显示。选择"视图"选项卡下"图形"面板中的"可见性 / 图形替换"

命令，按如图 11.12 所示设置，而并非在场地设置中设置。

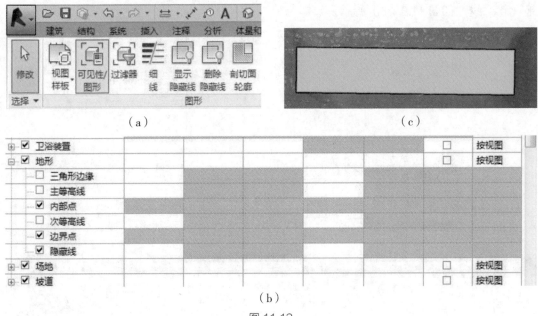

（a）

（c）

⊞ ☑ 卫浴装置						☐	按视图
⊟ ☑ 地形						☐	按视图
☐ 三角形边缘							
☐ 主等高线							
☑ 内部点							
☐ 次等高线							
☑ 边界点							
☑ 隐藏线							
⊞ ☑ 场地						☐	按视图
⊞ ☑ 坡道						☐	按视图

（b）

图 11.12

11.4　建筑红线

1）绘制建筑红线

①单击"体量和场地"选项卡下"修改场地"面板中的"建筑红线"命令，在弹出的下拉列表框中选择"通过绘制方式创建"选项进入绘制模式。

②单击"线"绘制按钮，绘制封闭的建筑红线轮廓线，完成绘制。

【提示】

要将绘制的建筑红线转换为基于表格的建筑红线,可通过选择绘制的建筑红线并单击"编辑表格"按钮来实现。

2）用测量数据创建建筑红线

①单击"体量和场地"选项卡下"修改场地"面板中的"建筑红线"下拉按钮，在弹出的下拉列表框中选择"通过输入距离和方向角来创建"选项，如图 11.13 所示。

②单击"插入"按钮，添加测量数据，并设置直线和弧线边界的距离、方向、半径等参数。

③调整顺序，如果边界没有闭合，单击"添加线以封闭"按钮。

④确定后，选择红线移动到所需位置。

3）建筑红线明细表

单击"视图"选项卡下"创建"面板中的"明细表"下拉按钮，在弹出的下拉列表框

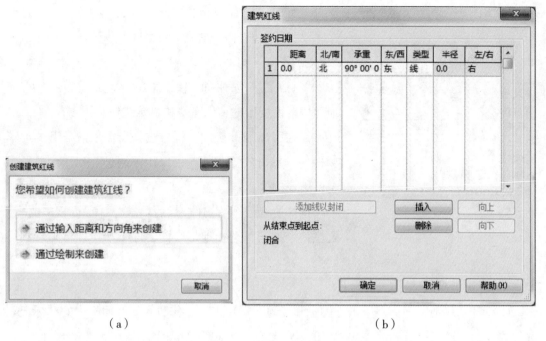

（a） （b）

图 11.13

中选择"明细表 / 数量"选项。选择"建筑红线"或"建筑红线线段"选项，可以创建建筑红线、建筑红线线段明细表，如图 11.14 所示。

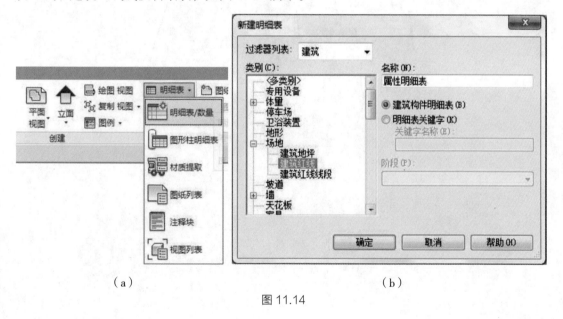

（a） （b）

图 11.14

11.5 场地构件

1）添加场地构件

打开"场地"平面视图，单击"体量和场地"选项卡下"场地建模"面板中的"场地构件"选项，在弹出的下拉列表框中选择所需的构件，如树木、RPC 人物等，单击放置构件。

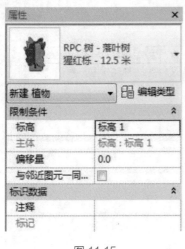

图 11.15

若列表中没有需要的构件，可从库中载入，也可定义自己的场地构件族文件，如图 11.15 所示。

2）停车场构件

①打开"场地"平面，单击"体量和场地"选项卡下"场地建模"面板中的"停车场构件"按钮。

②在弹出的下拉列表框中选择所需不同类型的停车场构件，单击放置构件，可以用复制、阵列命令放置多个停车场构件。

选择所有停车场构件，然后单击"主体"面板中的"设置主体"按钮，选择地形表面，停车场构件将附着到表面上。

3）标记等高线

①打开"场地"平面，单击"体量和场地"选项卡下"修改场地"面板中的"标记等高线"按钮，绘制一条和等高线相交的线条，自动生成等高线标签。

②选择等高线标签，出现一条亮显的虚线，用鼠标拖曳虚线的端点控制柄调整虚线位置，等高线标签自动更新，如图 11.16 所示。

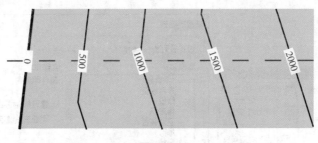

图 11.16

第12章 详图大样

在 Autodesk Revit Architecture 软件中，不仅可以通过详图索引工具直接索引绘制出平面、立面、剖面的大样详图，而且可以随意修改大样图的出图比例，所有的文字标注、注释符号等会自动缩放与之相匹配。此外，在绘制详图大样时，软件不仅提供了详图线工具（所绘制的线仅在当前视图可见）、模型线工具（在各视图都可见）、编辑剖面轮廓工具等，而且还提供了各式各样的详图构件和注释符号。这些详图构件和注释符号都允许用户自行定制。正是因为详图索引工具的易用性，以及详图构件和符号的高度自定义的特点，使得 Autodesk Revit Architecture 软件绘制大样详图事半功倍，还可以定制出完全符合本地化需求的施工图设计图纸。

12.1 创建详图索引视图

①单击"视图"选项卡下"创建"面板中的"详图索引"按钮，在选项栏中选择是否采用"参照其他视图"，如图 12.1 所示。

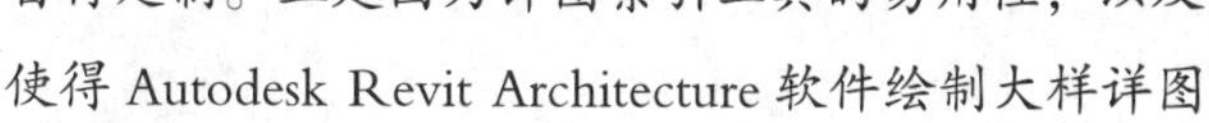

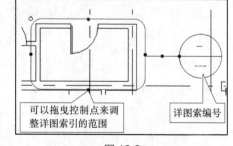

可以拖曳控制点来调整详图索引的范围

详图索编号

修改 | 详图索引   □参照其他视图: <新绘图视图>

图 12.1

图 12.2

②在平面、立面、剖面或详图视图中绘制一个矩形，添加详图索引符号。选择详图索引符号，用鼠标拖曳蓝色控制柄，调整矩形大小和标头位置，如图 12.2 所示。

12.2 创建视图详图

创建详图索引视图后，双击索引标头或从项目浏览器中双击详图索引视图名称，打开详图索引视图。

【注意】

创建平面详图索引时，模型线和详图线绘制的区别：模型线绘制的内容在各个视图中显示，详图线绘制仅在当前视图中显示。

1）详图线

单击"注释"选项卡下"详图"面板中的"详图线"按钮，在弹出的线样式面板中选择适当的线类型，用直线、矩形、多边形、圆、弧、椭圆、样条曲线等绘制工具，绘制所需的详图图案，如图 12.3 所示。所有详图内容仅在当前视图中显示。

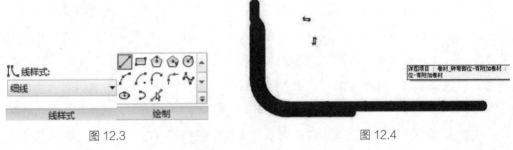

图 12.3　　　　　　　　　　　　　　　图 12.4

2）详图构件

①单击"注释"选项卡下"详图"面板中的"构件"下拉按钮，在弹出的下拉列表中选择"详图构件"选项，在子列表中选择适当的详图构件，如截断线、观察孔、木板、混凝土过梁、不同规格型钢剖面等。可用"载入族"从库中载入所需的构件，或创建自己的详图构件族文件。

②按空格键旋转构件方向，单击放置详图构件。

③选择详图构件，单击"图元"面板中的"图元属性"按钮，修改参数值。

④选择详图构件，用鼠标拖曳控制柄调整构件形状，如图 12.4 所示。

3）重复详图

①单击"注释"选项卡下"详图"面板中的"构件"下拉按钮，在弹出的下拉列表中选择"重复详图构件"选项；在弹出的"属性"对话框中单击"编辑类型"按钮，弹出"类型属性"对话框，单击"复制"按钮，输入重复详图类型名称，单击"确定"按钮。

②为"详图"参数选择要重复的详图构件，设置重复详图的布局方式。根据不同的布局方式来设置"内部"和"间距"参数，单击"确定"按钮，如图 12.5 所示。

③用鼠标拾取两个点，系统按布局规则在两点之间放置多个重复的详图构件，如图12.6 所示。

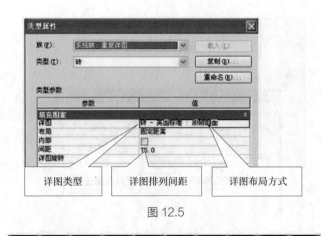

图 12.5

图 12.6

4）隔热层

单击"注释"选项卡下"详图"面板中的"隔热层"按钮，在选项栏作相应设置：隔热层宽度、偏移值、定位线，鼠标拾取两个点放置隔热层。选择隔热层，用鼠标拖曳控制点调整隔热层长度，修改"隔热层宽度"和"隔热层膨胀与宽度的比率（1/x）"参数值，如图 12.7 所示。

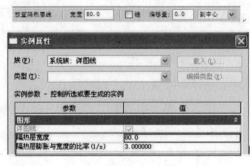

图 12.7

5）区域

①单击"注释"选项卡下"详图"面板中的"区域"按钮，用"线"绘制工具绘制区域的封闭轮廓。

②选择边界线条，从线样式面板中选择需要的线样式，如选择"不可见线"作为隐藏

边界。

③选择刚才画的区域，单击"编辑类型"按钮，弹出"类型属性"对话框，选择填充样式，设置填充背景、线宽、颜色参数值，单击"确定"按钮，完成绘制，如图 12.8 所示。

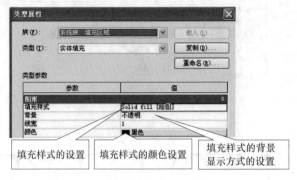

图 12.8

6）遮罩区域

①单击"注释"选项卡下"详图"面板中的"区域"下拉按钮，在弹出的下拉列表中选择"遮罩区域"选项，用"线"绘制工具绘制区域的封闭轮廓。

②选择边界线条，从线样式面板中选择需要的线样式，如选择"不可见线"作为隐藏边界，单击"确定"按钮，完成绘制，如图 12.9 所示。

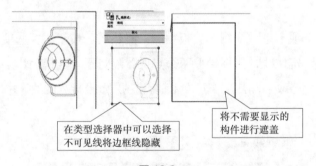

图 12.9

7）符号

单击"注释"选项卡下"符号"面板中的"符号"按钮，可以向视图中添加剖断线、指北针等注释符号。符号用于在当前视图中放置二维注释图形符号，是视图专有的注释图元，仅显示在当前所在的视图中。

8）云线批注

①单击"注释"选项卡下"详图"面板中的"云线批注"按钮，绘制云线批注轮廓。

②"云线批注"工具用于将云线批注添加到当前视图或图纸中，以指明已修改的设计区域。

9）详图组

①单击"注释"选项卡下"详图"面板中的"详图组"下拉按钮，在弹出的下拉列表

中有"放置详图组""创建组"两个工具。"创建组"用于创建一组图元以便重复使用；"放置详图组"用于在视图中放置实例，如果未载入组，可单击"载入组"按钮把组载入当前Revit文件中。

②单击"详图组"下拉按钮 "创建组"工具，弹出"创建组"对话框，在"组类型"选项区域中有"模型"和"详图"两个选项。"模型"组是指由门窗、墙体等模型类图元组成的组；"详图"组是指由高程点、云线批注等注释类图元组成的组，如图12.10所示。

10）标记

①单击"标记"面板中的"按类别标记"按钮，可以根据图元类别将标记附着到图元中。

②单击"全部标记"按钮，可以一步将标记添加到多个图元中。使用"全部标记"之前，应将所需的标记族载入项目中。然后，打开二维视图。可以选择图元类型来标记要用于每种类别的标记族，并选择标记所有图元。某些图元（如墙）必须单独进行标记。

③单击"多 | 类别"按钮，可以根据共享参数，将标记附着到多种类别的图元上。要使用该按钮，必须首先创建多类别标记并将其载入项目中。要标记的图元类别必须包括由多类别标记使用的共享参数。

④单击"材质 | 标记"按钮，可以为选定图元材质指定的说明标记选定图元。标记中显示的材质基于"材质"对话框的"标识"选项卡的"说明"字段的值。如果材质标记中显示问号"？"，双击问号以输入值。"说明"字段将用该值更新。

11）注释记号

①单击"注释"选项卡下"标记"面板中的"注释记号"下拉按钮，在弹出的下拉列表中包括"图元注释记号""材质注释记号""用户注释记号"3个选项，如图12.11所示。

②选择"图元注释记号"选项，为图元类型指定的注释记号标记选定图元。要修改某种图元类型的注释记号，请修改类型属性中"注释记号"字段的值。

③选择"材质注释记号"选项，为选定图元材质指定的注释记号标记选定图元。注释记号基于"材质"对话框的"标识"选项卡上"注释记号"字段的值。

④选择"用户注释记号"选项，为选定的注释记号标记图元。激活该工具并选择图元时，将显示"注释记号"对话框，可以在该对话框中选择相应的注释记号。

12）导入详图

单击"插入"选项卡下"导入"面板中的"导入CAD"按钮，从外部图库中导入现

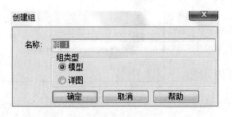

图 12.10

图 12.11

图 12.12

有的 dwg 详图或标准图库来创建详图。

　　单击"视图"选项卡下"创建"面板中的"绘图视图"按钮，在弹出的"新绘图视图"对话框中设置其名称及比例，如图 12.12 所示。

12.3　添加文字注释

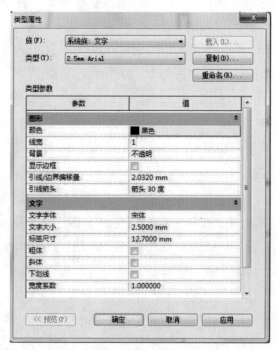

①单击"注释"选项卡下"文字"面板中的"文字"按钮，从类型下拉列表中选择合适的文字样式，单击"编辑类型"按钮，弹出"类型属性"对话框；单击"复制"按钮，创建新的文字样式。或直接打开文字的"类型属性"对话框，修改其文字的基本参数及创建新的文字类型，如图 12.13 所示。

②在"格式"面板中设置文字对齐方式和引线类型。

图 12.13　　　　　　　　　　图 12.14

③单击放置引线箭头、引线、文本框，输入文字内容，如图 12.14 所示。

12.4　在详图视图中修改构件顺序和可见性设置

1）修改详图构件的顺序

单击详图构件，在"修改详图项目"选项卡下"排列"面板中使用"放到最前""放到最后""前移"和"后移"命令，修改详图构件的显示顺序，如图 12.15 所示。

2）修改可见性设置

单击"视图"选项卡下"图形"面板中的"可见性/图形"按钮，在弹出的"可见性/图形替换"对话框中，可以设置当前视图中的模型、注释、链接文件中某些对象的显示与否、半色调显示、替换的线样式、替换的详细程度显示等，如图 12.16 所示。

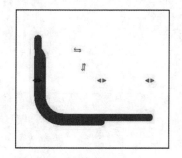

图 12.15

图 12.16

3）创建图纸详图

图纸详图在图纸视图中创建，并不直接基于建筑模型几何图形。因为这些详图与任何建筑模型构件没有参数化链接，所以它们不随建筑模型的修改而更新。

4）创建图纸视图

单击"视图"选项卡下"创建"面板中的"绘图 | 视图"按钮，在弹出的"新图纸视图"对话框中设置其名称及比例，如图 12.17 所示。

5）在图纸视图中创建详图

可以使用如上所述的方法，如详图线、详图构件、重复详图、隔热层、填充面域、尺寸标注、文字注释等创建详图内容。

图 12.17

6）将详图导入图纸视图中

可以从外部图库中导入现有的 dwg 详图或标准图库来创建详图。首先，创建图纸视图，然后，单击"项目浏览器"进入绘图视图。

①单击"插入"选项卡下"导入"面板中的"导入 CAD"按钮，选择要导入的图形。

②设置导入方式、颜色、比例及定位方式，单击"打开"按钮导入详图，如图 12.18 所示。

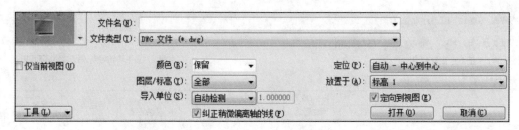

图 12.18

7）创建参照详图索引

①单击"视图"选项卡下"创建"面板中的"详图索引"按钮，在选项栏预设视图比例值。

②将 CAD 详图导入绘图视图中，在视图中创建"详图索引"；在选项栏中勾选"参照其他视图"复选框，并在后边的下拉列表中选择"绘图视图：绘图 1"选项，此时详图符号上会显示参照标记，如 Sim 或参照字样，如图 12.19 所示。

③在平面、立面、剖面或详图视图中绘制参照详图索引，双击索引标头即可进入图纸视图。

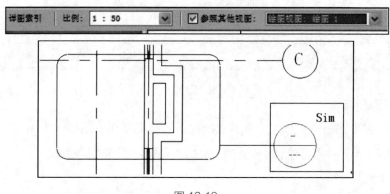

图 12.19

12.5　整合应用技巧

12.5.1　剖切面轮廓

"剖切面轮廓"工具可以修改在视图中剪切的图元（如屋顶、墙、楼板和复合的图层）的形状。

要编辑剪切轮廓，需打开一个平面视图或剖面视图。轮廓修改是视图专有的，不同的视图需要分别进行修改绘制。

单击"视图"选项卡下"图形"面板中的"剖切面轮廓"按钮，单击需要修改的线，进入剖切面轮廓草图绘制模式。

绘制剖切面轮廓，如图 12.20 所示。单击"完成剖切面轮廓"按钮，完成绘制，如图 12.21 所示。单击"修改"选项卡下"视图"面板中的"线处理"按钮，在弹出的"线处理"

选项卡中选择"线样式",单击视图中的线,可使线型变为所选线样式。

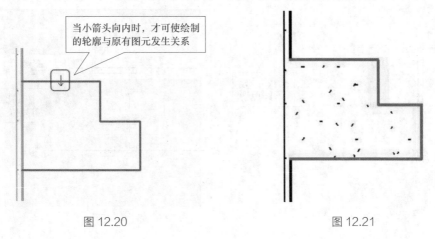

图 12.20　　　　　　　　　　　　　图 12.21

12.5.2　墙身大样的制作

①单击"视图"选项卡下"创建"面板中的"剖面"按钮,在视图中绘制剖面符号,如图 12.22 所示。

②双击剖面标志,进入剖面视图,单击"视图"选项卡下"创建"面板中的"详图索引"按钮,绘制详图区域,如图 12.23 所示。

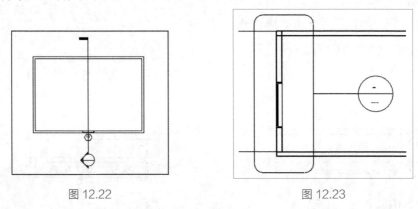

图 12.22　　　　　　　　　　　　　图 12.23

③双击详图大样标志,进入详图大样绘制模式,单击"打断"按钮,移动详图边界,如图 12.24 所示。在"属性"对话框中,把"视图比例"改为 1:20,"详细程度"设为"精细",结果如图 12.25 所示。

④选择详图边框并单击鼠标右键,在弹出的快捷菜单中选择"在视图中隐藏"→"图元"命令,可以在视图中隐藏详图边框,如图 12.26 所示。如果需要显示隐藏的图元,可以单击"视图控制栏"中的 🔲 按钮,将以红色显示隐藏的图元;选择隐藏的图元并单击鼠标右键,在弹出的快捷菜单中选择"取消在视图中隐藏"→"图元"命令。

⑤连接墙体与楼板。单击"修改"选项卡下"几何图形"面板中的"连接"按钮,分别单击楼板与墙体,如图 12.27 所示。

⑥为详图添加尺寸标注。如图 12.28 所示,"打断"命令并不影响尺寸标注,所注释

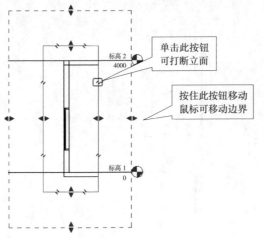

图 12.24

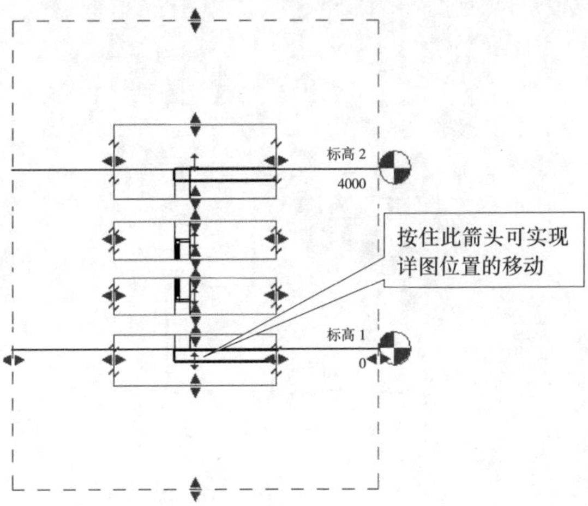

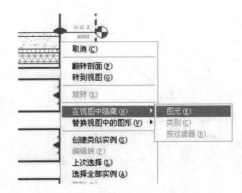

图 12.25

的距离都是实际尺寸。

　　3）设定详图线与构件的约束关系

　　详图线与构件间是以拾取命令绘制时，两者间存在的弱约束关系不能实现它们之间的关联效果。一般做法是：在它们之间添加尺寸，通过锁定尺寸来实现它们之间的关联效果。

图 12.26

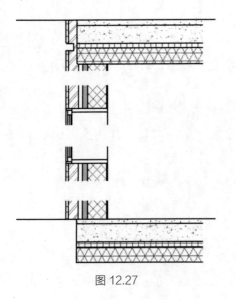

图 12.27

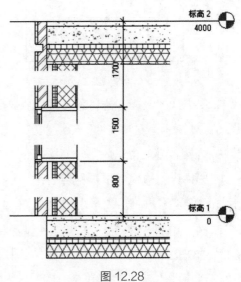

图 12.28

第 13 章　渲染与漫游

在 Autodesk Revit Architecture 中，利用现有的三维模型，还可以创建效果图和漫游动画，全方位展示建筑师的创意和设计成果。因此，在一个软件环境中既可完成从施工图设计到可视化设计的所有工作，又改善了以往在几个软件中操作所带来的重复劳动、数据流失等弊端，提高了设计效率。

Autodesk Revit Architecture 集成了 Mental Ray 渲染器，可以生成建筑模型的照片级真实感图像，可以及时看到设计效果，从而向客户展示设计或将它与团队成员分享。Autodesk Revit Architecture 的渲染设置非常容易操作，只需要设置真实的地点、日期、时间和灯光即可渲染三维及相机透视图。设置相机路径，即可创建漫游动画、动态查看与展示项目设计。

本章将重点讲解设计表现内容，包括材质设置、给构件赋材质、创建室内外相机视图、室内外渲染场景设置及渲染，以及项目漫游的创建与编辑方法。

13.1　渲染

渲染之前，一般要先创建相机透视图，生成渲染场景。

13.1.1　创建透视图

①打开一个平面视图、剖面视图或立面视图，并平铺窗口。

②在"视图"选项卡下"创建"面板的"三维视图"下拉列表中选择"相机"选项。

③在平面视图绘图区域中单击放置相机并将光标拖曳到所需目标点。

【注意】

如果清除选项栏上的"透视图"选项，则创建的视图会是正交三维视图，不是透视视图。

④光标向上移动，超过建筑最上端，单击放置相机视点。选择三维视图的视口，视口各边出现 4 个蓝色控制点，单击上边控制点向上拖曳，直至超过屋顶；单击拖曳左右两边控制点，超过建筑后释放鼠标，视口被放大。至此，创建了一个正面相机透视图，如图 13.1 所示。

图 13.1

⑤在立面视图中按住相机可以上下移动，相机的视口也会跟着上下摆动，以此可以创建鸟瞰透视图或者仰视透视图，如图 13.2 所示。

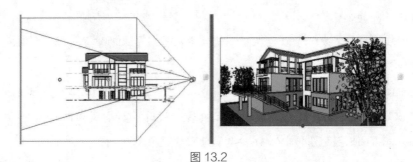

图 13.2

⑥使用同样的方法在室内放置相机就可以创建室内三维透视图，如图 13.3 所示。

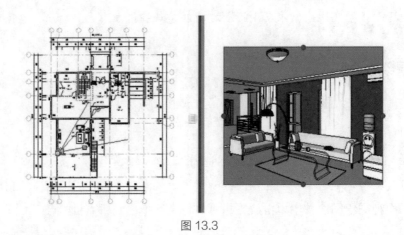

图 13.3

13.1.2　材质的替换

渲染前，需要先给构件设置材质。材质用于定义建筑模型中图元的外观，Revit Architecture 提供了默认的材质库，可以从中选择材质，也可以新建自己所需的材质。

①单击"管理"选项卡下"设置"面板中的"材质"按钮，弹出"材质"对话框，如图 13.4 所示。

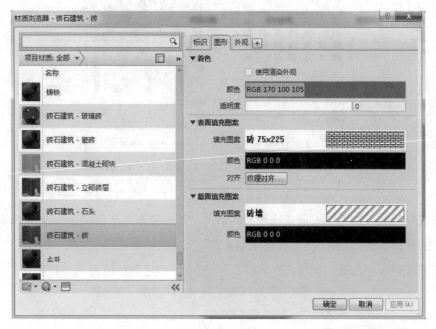

图 13.4

②在"材质"对话框左侧材质列表中选择物理性质类似的墙体："砖石建筑–砖"材质。然后，

图 13.5

单击"材质"对话框左下角的"复制选定的材质" 按钮，弹出材质对话框，如图 13.5 所示。

③材质名称默认为"砖石建筑–砖（1）"，输入新名称"饰面砖"，单击"确定"按钮，创建新的材质名称。

【注意】

也可在材质列表中现有材质上单击鼠标右键复制现有材质，在弹出的快捷菜单中选择"复制"命令，同时弹出"复制 Revit 材质"对话框。

④在材质列表中选择上一步创建的材质"饰面砖"，对话框右边将显示该材质的属性，单击"着色"下面的灰色图标，可打开"颜色"对话框，选择着色状态下的构件颜色。单击选择基本颜色的倒数第三个浅灰色，RGB 分别为"192、192、192"，单击"确定"按钮，如图 13.6 所示。

【注意】

此颜色与渲染后的颜色无关，只决定着色状态下的构件颜色。

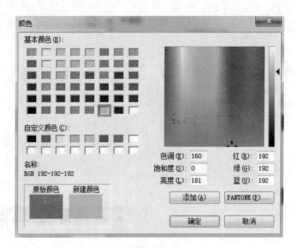

图 13.6

⑤单击材质属性中的"表面填充图案"后的"填充图案"灰色按钮，弹出"填充样式"对话框，如图 13.7 所示。在下方"填充图案类型"选项区域中选择"模型"单选按钮，在"填充图案"样式列表中选择"砌块 225×450"，单击"确定"按钮回到"材质"对话框。

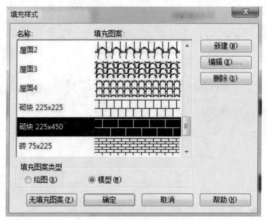

图 13.7

【注意】
"表面填充图案"指在 Revit 绘图空间中模型的表面填充样式，在三维视图和各立面都可以显示，但与渲染无关。

⑥单击"截面填充图案"后的"填充图案"灰色按钮，同样弹出"填充样式"对话框，单击左下角的"无填充图案"按钮，关闭"填充样式"对话框。

【注意】
"截面填充图案"指构件在剖面图中被剖切到时，显示的截面填充图案。例如，剖面图中的墙体需要实体填充时，需要设置该墙体的"截面填充图案"为"实体填充"，而不是设置"表面填充图案"。平面图上需要黑色实体填充的墙体也需要将"截面填充图案"设置为"实体填充"，因为平面图默认为标高向上 1 200 的横切面（详细程度为中等或精细时才可见）。

⑦选择左下角的打开，关闭资源浏览器选项卡 ▤，切换为资源浏览器设置，如图 13.8 所示。

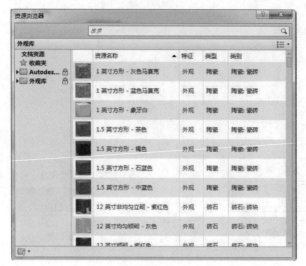

图 13.8

⑧选择"1 英寸方形 - 蓝色马赛克"，单击"确定"按钮关闭对话框，如图 13.9 所示。

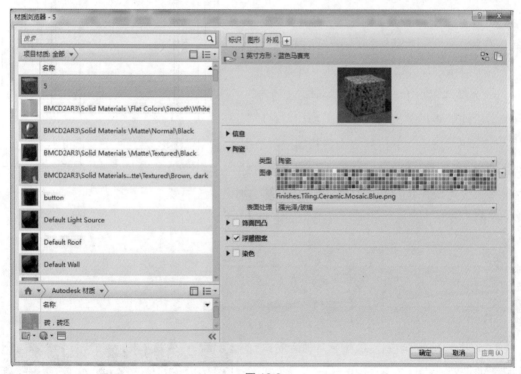

图 13.9

⑨在"材质"对话框中单击"确定"，完成材质"饰面砖"的创建，保存文件。在上面的操作中设置了材质的名称、表面填充图案、截面填充图案和渲染外观。下面将给构件设置材质。

【注意】

切换到"图形"选项卡，勾选"着色"选项区域中的"将渲染外观用于着色"复选框，是指在 Revit 绘图区域中着色模式下构件的颜色将与所设置的渲染外观的纹理图片颜色一致。例如，刚刚设置的渲染外观纹理为"饰面砖"，颜色为蓝色，当勾选"将渲染外观用于着色"复选框时，附着了"饰面砖"的构件在着色状态下将显示为蓝色。之前设置的此项颜色将不起作用。如图 13.10 所示，图（a）为不勾选"将渲染外观用于着色"复选框的效果，图（b）为勾选后的效果。

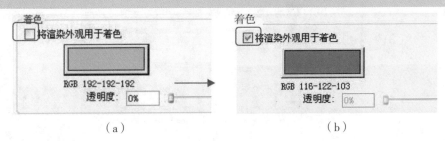

（a）　　　　　　　　　　　　（b）

图 13.10

⑩选择模型中的一面外墙，如图 13.11 所示。

⑪在"属性"面板中单击"编辑类型"按钮，弹出"编辑类型"对话框。单击"结构"参数后的"编辑"按钮，弹出"编辑部件"对话框。

⑫选择"图层 1[4]"的材质"墙体 - 普通砖"，再单击后面的矩形"浏览"按钮，弹出"材质"对话框。在"材质"下拉列表中，找到上一节中创建的材质"饰面砖"。因"材质"列表中的材质很多，无法快速找到所需材质，可在"输入搜索词"的位置单击输入关键字"砖"，即可快速找到。

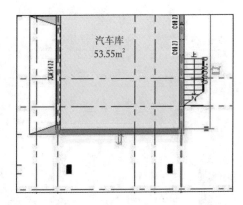

图 13.11

【注意】

此时，选择"饰面砖"材质后，同样可以和材质创建阶段一样复制新材质或直接编辑右边的材质属性，如"表面填充图案""截面填充图案""渲染外观"等特性。

⑬单击"确定"按钮关闭所有对话框，完成材质的设置。此时，为选中的墙体设置了"饰面砖"的材质。单击快速访问工具栏的"默认三维视图"按钮，打开三维视图查看效果，如图 13.12 所示。

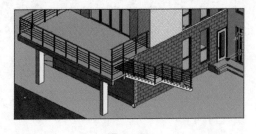

图 13.12

【注意】

如需为窗替换材质，可在任意视图选择窗。在类型属性中可以看到"窗框材质""玻璃材质"等材质参数，单击现有材质，然后单击"浏览"按钮，同时打开"材质"对话框，此时即可选择或创建新材质。门、家具等族文件替换材质的方法与窗相同。

13.1.3　渲染设置

单击"视图"，在图形面板中选中"渲染"按钮，弹出"渲染"对话框，对话框中各选项的功能如图 13.13 所示。

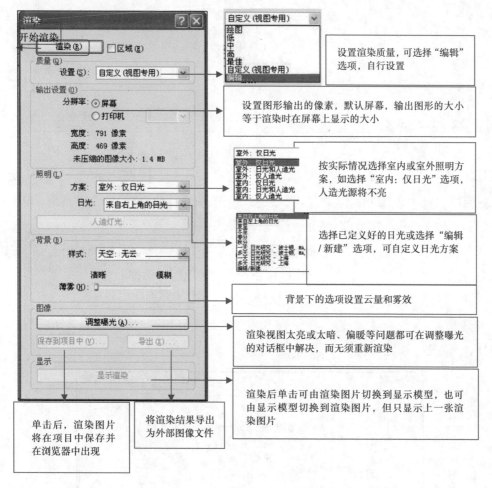

图 13.13

①在"渲染"对话框中，"照明"选项区域的"方案"下拉列表框中选择"室外：仅日光"选项。

②在"日光设置"下拉列表框中选择"编辑 / 新建"选项，打开"日光位置"对话框，日光研究选择静止，如图 13.14 所示。

③在"日光设置"对话框右边的设置栏下面选择地点、日期和时间，单击"地点"后

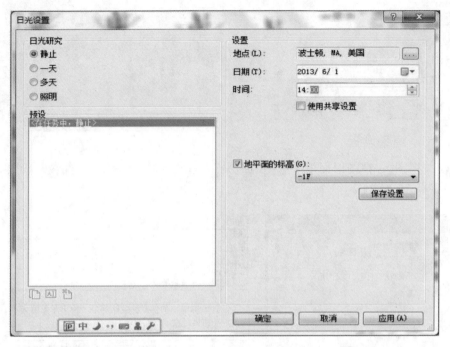

图 13.14

面的 按钮, 弹出"位置、气候和场地"对话框。在项目地址中搜索"北京, 中国", 经度、纬度将自动调整为北京的信息, 勾选"根据夏令时的变更自动调整时钟"复选框。单击"确定"按钮关闭对话框, 回到"日光设置"对话框。

④单击"日期"后的下拉按钮, 设置日期为"2013-6-1", 单击时间的小时数值, 输入"14", 单击分钟数值输入"0", 单击"确定"按钮返回"渲染"对话框。

⑤在"渲染"对话框 "质量"选项区域的 "设置"下拉列表中, 选择"高"选项。

⑥设置完成后, 单击"渲染"按钮, 开始渲染, 并弹出"渲染进度"对话框, 显示渲染进度, 如图 13.15 所示。

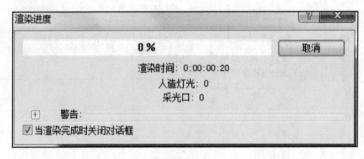

图 13.15

【注意】

可随时单击"取消"按钮, 或按快捷键【Esc】结束渲染。

⑦勾选"渲染进度"对话框中的"当渲染完成时关闭对话框"复选框,渲染后此工具条自动关闭,渲染结果如图13.16(b)所示,两图为渲染前后对比。图13.17所示为其他渲染练习。

（a）渲染前 （b）渲染后

图 13.16

图 13.17

13.2 创建漫游

①在项目浏览器中进入1F平面视图。

②单击"视图"选项卡下"创建"面板"三维视图"下拉按钮"漫游"命令。

【注意】

选项栏中可以设置路径的高度,默认为1 750,可单击修改其高度。

③将光标移至绘图区域,在1F平面视图中别墅南面中间位置单击,开始绘制路径,即漫游所要经过的路径。路径围绕别墅一周后,单击选项栏上的"完成"按钮或按【Esc】键完成漫游路径的绘制,如图13.18（a）所示。

④完成路径后,"项目浏览器"中出现"漫游"项,双击"漫游"项显示的名称是"漫游1",双击"漫游1"打开漫游视图。

⑤打开"项目浏览器"中的"楼层平面"项,双击"1F",打开一层平面图,在功能区选择"窗口"→"平铺"命令,此时绘图区域同时显示楼层平面图、漫游视图和三维视图。

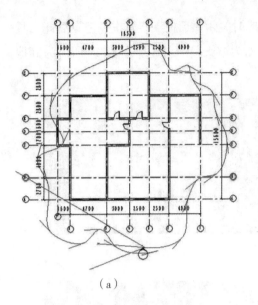

（a）

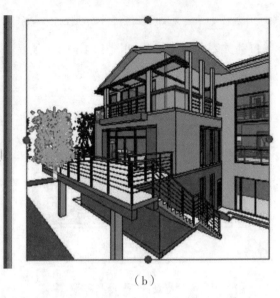

（b）

图 13.18

⑥单击漫游视图中的边框线，将显示模式替换为"着色" ⬡，选择漫游视口边框线，单击视口四边上的控制点，按住鼠标左键向外拖曳，放大视口，如图 13.18（b）所示。

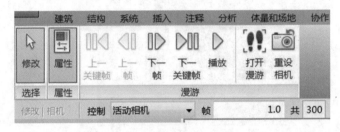

⑦选择漫游视口边界，单击"漫游"面板上的"编辑漫游"按钮，在 1F 视图上单击，此时选项栏的工具可以用来设置漫游，如图 13.19 所示。单击帧数"300"，输入"1"，按【Enter】键确认。

"控制""活动相机"时，1F 平面视图中的相机为可编辑状态，此时可以拖曳相机视点改变相机方向，直至观察三维视图该帧的视点合适。在"控制"下拉列表框中选择"路径"选项即可编辑每帧的位置，在 1F 视图中关键帧变为可拖曳位置的蓝色控制点。

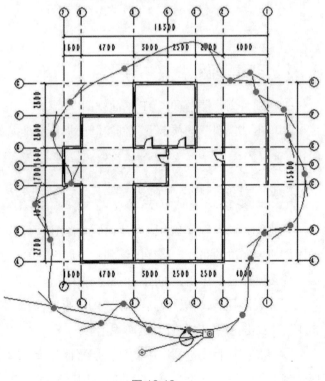

图 13.19

⑧第一个关键帧编辑完毕后单击选项栏的下一关键帧按钮 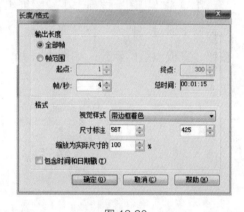，借此工具可以逐帧编辑漫游，使每帧的视线方向和关键帧位置合适，得到完美的漫游。

⑨如果关键帧过少，则可以在"控制"下拉列表框中选择"添加关键帧"选项，就可以在现有两个关键帧中间直接添加新的关键帧；而"删除关键帧"则是删除多余关键帧的工具。

【注意】
为使漫游更顺畅，Revit 在两个关键帧之间创建了很多非关键帧。

⑩编辑完成后可单击选项栏上的"播放"按钮，播放刚刚完成的漫游。

【注意】
如需创建上楼的漫游，如从 1F 到 2F，可在 1F 起始绘制漫游路径，沿楼梯平面向前绘制。当路径走过楼梯后，可将选项栏"自"设置为"1F"，路径即从 1F 向上，至 2F。同时，可以配合选项栏的"偏移值"，每向前几个台阶，将偏移值增高，可以绘制较流畅的上楼漫游。也可以在编辑漫游时，打开楼梯剖面图，将选项栏的"控制"设置为"路径"，在剖面上修改每一帧位置，创建上下楼的漫游。

⑪漫游创建完成后可选择"文件"→"导出"→"漫游"命令，弹出"长度 / 格式"对话框，如图 13.20 所示。

⑫其中，"帧 / 秒"选项用于设置导出后漫游的速度为每秒多少帧，默认为 15 帧，播放速度会比较快。建议设置为 3 或 4 帧，速度将比较合适。单击"确定"按钮后会弹出"导出漫游"对话框，输入文件名，并选择路径，单击"保存"按钮，弹出"视频压缩"对话框。在该对话框中默认为"全帧（非压缩的）"，产生的文件会非常大，建议在下拉列表中选择压缩模式为"Microsoft Video 1"。此模式为大部分系统可以读取的模式，同时可以减小文件大小，单击"确定"按钮将漫游文件导出为外部 avi 文件。

图 13.20

第14章 成果输出

14.1 创建图纸与设置项目信息

1）创建图纸

①单击"视图"选项卡下"图纸组合"面板中的"图纸"按钮，在弹出的"新建图纸"对话框中通过"载入"会得到相应的图纸。这里选择载入图签"A1公制"，单击"确定"按钮，完成图纸的新建，如图14.1所示。

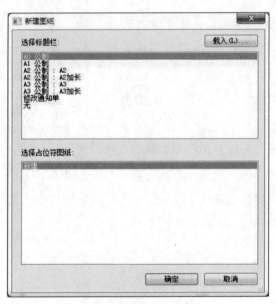

图 14.1

②此时创建了一张图纸视图，创建图纸视图后，在"项目浏览器"中"图纸"项下自动增加了图纸"J0-1-未命名"，如图14.2所示。

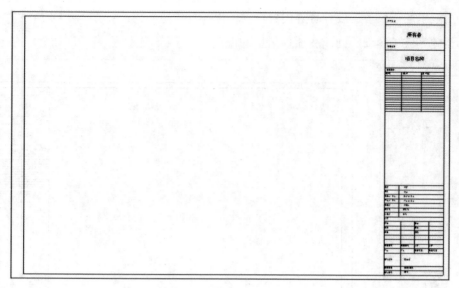

图 14.2

2）设置项目信息

①单击"管理"选项卡下"设置"面板中的"项目信息"按钮，按图示内容录入项目信息，单击"确定"按钮，完成录入，如图 14.3 所示。

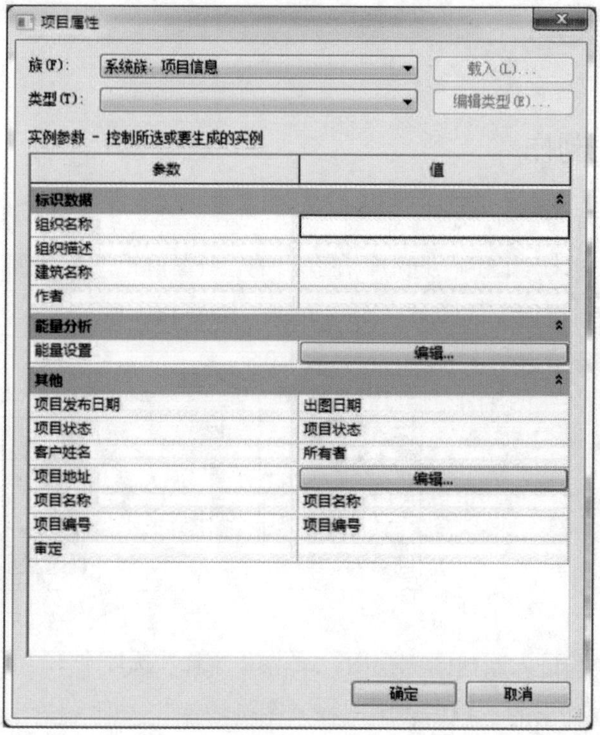

图 14.3

②图纸里的审核者、设计者等内容可在图纸属性中进行修改，如图 14.4 所示。

③至此完成了图纸的创建和项目信息的设置。

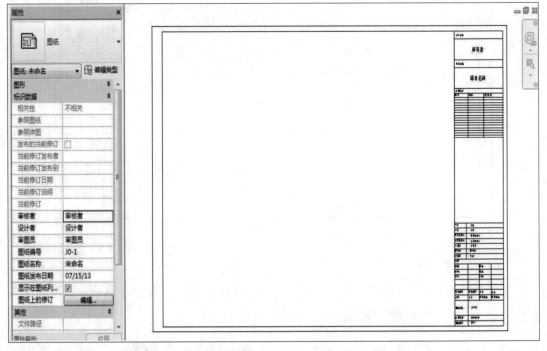

图 14.4

14.2　图例视图制作

①创建图例视图。单击"视图"选项卡下"创建"面板中"图例"右侧的下拉按钮，在弹出的下拉列表中选择"图例"选项，在弹出的"新图例视图"对话框中输入名称为"图例 1"，单击"确定"按钮完成图例视图的创建，如图 14.5 所示。

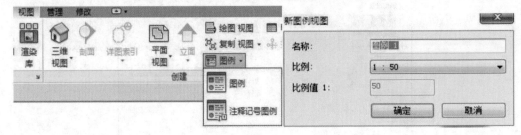

图 14.5

②选取图例构件。进入新建图例视图，单击"注释"选项卡下"详图"面板中"构件"右侧的下拉按钮，在弹出的下拉列表中选择"图例构件"选项，按图示内容进行选项栏设置，完成后在视图中放置图例，如图 14.6 所示。

③重复以上操作，分别修改选项栏中的族为"墙：基本墙：NQ_200_隔""墙：基本墙：NQ_200_剪""墙：基本墙：WQ_50+（200）_剪"，在图中进行放置，如图 14.7 所示。

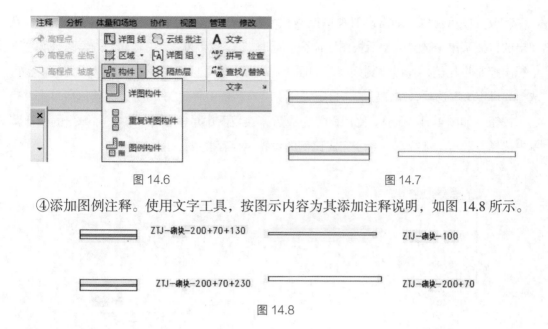

图 14.6   图 14.7

④添加图例注释。使用文字工具，按图示内容为其添加注释说明，如图 14.8 所示。

ZTJ-砌块-200+70+130   ZTJ-砌块-100

ZTJ-砌块-200+70+230   ZTJ-砌块-200+70

图 14.8

14.3 布置视图

创建图纸后，即可在图纸中添加建筑的一个或多个视图，包括楼层平面、场地平面、天花板平面、立面、三维视图、剖面、详图视图、绘图视图、图例视图、渲染视图及明细表视图等。将视图添加到图纸后还需要对图纸位置、名称等视图标题信息进行设置。

1）布置视图的步骤

①定义图纸编号和名称。接上节练习，在"项目浏览器"中展开"图纸"选项，用鼠标右键单击图纸"J0-1- 未命名"，在弹出的快捷菜单中选择"重命名"命令，弹出"图纸标题"对话框，按图示内容定义，如图 14.9 所示。

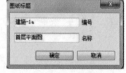

图 14.9

②放置视图。在"项目浏览器"中按住鼠标左键，分别拖曳楼层平面"1F"到"建施 -1a"图纸视图。

③添加图名。选择拖进来的平面视图 1F，在"属性"中修改 "图纸上的标题"为"首层平面图"。按相同操作，修改平面视图 2F 属性中"图纸上的标题"为"二层平面图"。拖曳图纸标题到合适位置，并调整标题文字底线到适合标题的长度。

【注意】

每张图纸可布置多个视图，但每个视图仅可以放置到一个图纸上。要在项目的多个图纸中添加特定视图，应在"项目浏览器"中该视图名称上单击鼠标右键，在弹出的快捷菜单中选择"复制视图"→"复制作为相关"，创建视图副本，可将副本布置于不同图纸上。除图纸视图外，明细表视图、渲染视图、三维视图等也可以直接拖曳到图纸中。

④改变图纸比例。如需修改视口比例，可在图纸中选择 F1 视图并单击鼠标右键，在弹出的快捷菜单中选择"激活视图"命令。此时"图纸标题栏"灰显，单击绘图区域左下角视图控制栏比例，弹出比例列表，如图 14.10 所示。可选择列表中的任意比例值，也可选择"自定义"选项，在弹出的"自定义比例"对话框中将"200"更改为新值后单击"确定"按钮，如图 14.11 所示。比例设置完成后，在视图中单击鼠标右键，在弹出的快捷菜单中选择"取消激活视图"命令完成比例的设置，保存文件。

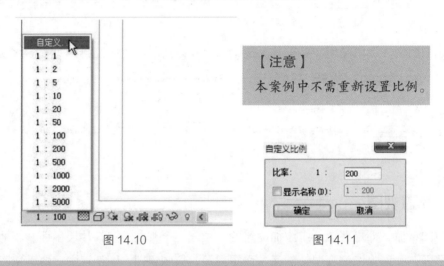

【注意】
本案例中不需重新设置比例。

图 14.10　　　　　　　　　　　　图 14.11

【注意】
激活视图后，不仅可以重新设置视口比例，且当前视图和"项目浏览器"中"楼层平面"项下的"F1"视图也一样可以进行绘制和修改。修改完成后，在视图中单击鼠标右键，在弹出的快捷菜单中选择"取消激活视图"命令即可。

2）图纸列表、措施表及设计说明

①单击"视图"选项卡下"创建"面板中的"明细表"下拉按钮，在弹出的下拉列表中选择"图纸列表"选项，如图 14.12 所示。

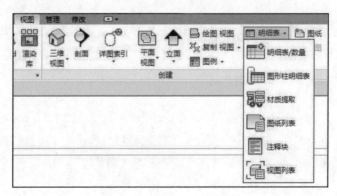

图 14.12

②在弹出的"图纸列表属性"对话框中根据项目要求添加字段，如图14.13所示。

③切换到"排序/成组"选项卡，根据要求选择明细表的排序方式，勾单击"确定"按钮完成图纸列表的创建，如图14.14所示。

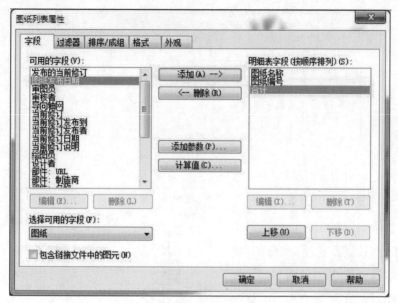

图14.13

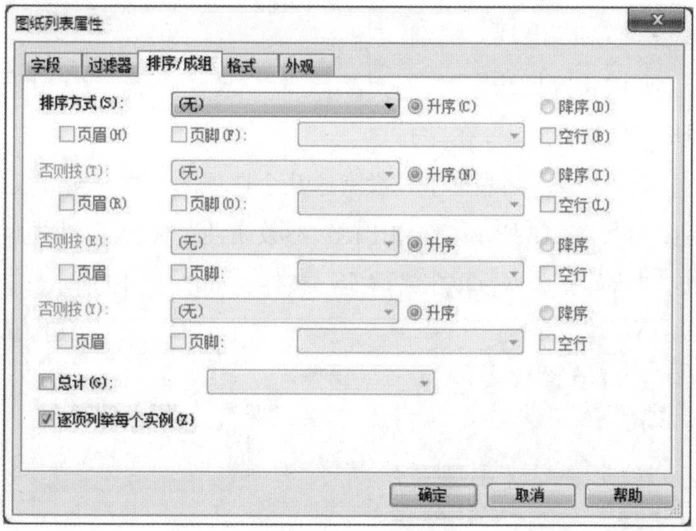

图14.14

④单击"视图"选项卡下"创建"面板中的"图例"下拉按钮，在弹出的下拉列表中选择"图例"选项，在弹出的对话框中调整比例，单击"确定"按钮，如图14.15所示。

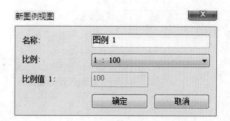

图14.15

⑤进入图例视图，单击"注释"选项卡下"文字"面板中的"文字"按钮，根据项目要求添加设计说明，如图 14.16 所示。

图 14.16

⑥装修做法表可以运用房间明细表来做，单击"视图"选项卡下"创建"面板中的"明细表"按钮，在弹出的下拉列表中选择"明细表"选项，弹出的"新建明细表"对话框。在"类别"列表框中选择"房间"，修改名称为"装修做法表"，如图 14.17 所示。

⑦单击"确定"按钮，出现"明细表属性"对话框。在做装修做法表时，也要把内墙、踢脚、顶棚计算在内，在"明

图 14.17

细表属性"中的"可用字段"列表框下是没有这几个选项的。在"明细表属性"对话框中单击"编辑"按钮，如图 14.18 所示。在弹出的"参数属性"对话框中添加名称为"内墙"，在"类别"中勾选"墙"复选框，单击"确定"按钮，如图 14.19 所示。

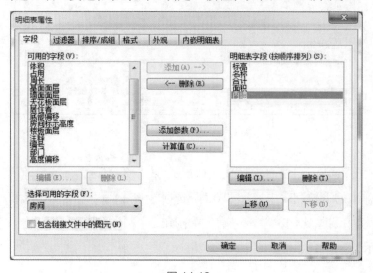

图 14.18

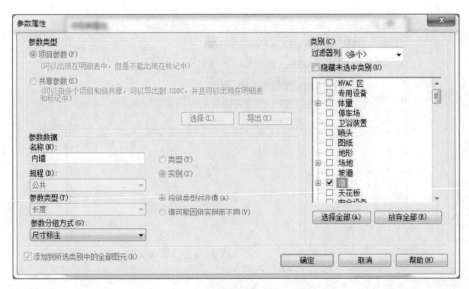

图 14.19

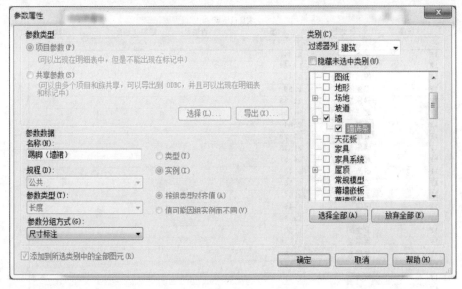

图 14.20

⑧运用同样的方法完成对踢脚、顶棚的编辑。

⑨在"明细表属性"对话框中选择"过滤器"选项卡，在"过滤条件"下拉列表中选择标高"1F"选项，如图 14.21 所示。

⑩完成上步操作后单击"确定"按钮，完成明细表的创建，如图 14.22 所示。

⑪在"项目浏览器"中分别把设计说明、图纸列表、装修做法表拖曳到新建的图纸中。

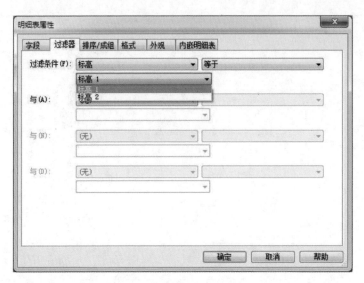

图 14.21

【注意】

在项目中选择墙体，根据属性对话框中所显示的墙体信息，将信息手动输入装修做法表中。

装修做法表

标高	名称	面积	内墙	踢脚（墙裙）	顶棚
1F	玄关	2.84			
1F	餐厅	13.38			
1F	厨房	6.48			
1F	卫生间	1.50			
1F	娱乐室	21.33			
1F	起居室	34.51			
1F	玄关	2.84			
1F	餐厅	13.38			
1F	娱乐室	21.35			
1F	起居室	34.51			
1F	厨房	6.48			
1F	卫生间	1.50			
1F	玄关	2.84			
1F	厨房	6.48			
1F	餐厅	13.38			
1F	卫生间	1.50			
1F	娱乐室	21.35			
1F	起居室	34.51			
1F	玄关	2.84			
1F	厨房	7.31			
1F	餐厅	13.38			
1F	娱乐室	21.35			
1F	起居室	34.51			
1F	玄关	2.84			
1F	厨房	7.31			
1F	餐厅	13.38			
1F	娱乐室	21.35			
1F	起居室	34.51			
1F	卫生间	1.50			
1F	卫生间	1.50			
总计：30					

图 14.22

14.4 打印

创建图纸后，可以直接打印出图。

①选择"应用程序菜单"→"文件"→"打印"命令，弹出"打印"对话框，如图14.23所示。

图 14.23

②在"名称"下拉列表框中选择可用的打印机名称。

③单击"名称"后的"属性"按钮，弹出打印机的"文档属性"对话框，如图14.24所示。选择方向为"横向"，并单击"高级"按钮，弹出"高级选项"对话框，如图14.25所示。

④在"纸张规格"下拉列表框中选择纸张"A2"选项，单击"确定"按钮，返回"打印"对话框。

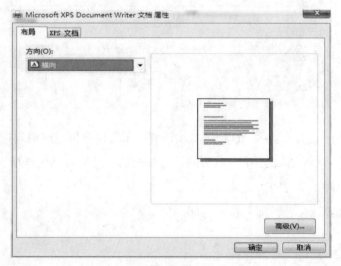

图 14.24

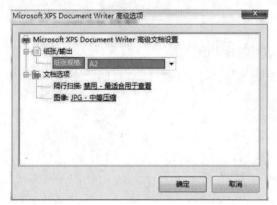

图 14.25

⑤在"打印范围"选项区域中选择"所选视图/图纸"单选按钮，下面的"选择"按钮由灰色变为可用项。单击"选择"按钮，弹出"视图/图纸集"对话框，如图 14.26 所示。

图 14.26

【注意】

Revit 打印机、绘图仪驱动在 Windows 的"设备和打印"中添加。

⑥勾选对话框底部"显示"选项区域中的"图纸"复选框，取消勾选"视图"复选框，对话框中将只显示所有图纸。单击右边的"选择全部"按钮自动勾选所有施工图图纸，单击"确定"按钮回到"打印"对话框。

⑦单击"确定"按钮，即可自动打印图纸。

14.5　导出 DWG 与导出设置

Autodesk Revit Architecture 所有的平、立、剖面、三维视图及图纸等都可以导出为 DWG 格式图形，而且导出后的图层、线型、颜色等可以根据需要在 Autodesk Revit Architecture 中自行设置。

①打开要导出的视图，在"项目浏览器"中展开"图纸（全部）"选项，双击图纸名称"建施 -101- 首层平面图 二层平面图"，打开图纸视图。

②在应用程序菜单中选择"文件"→"导出"→"CAD 格式"→"DWG 文件"命令，弹出"DWG 导出"对话框。

③单击"选择导出设置"按钮 ⬚，弹出"修改 DWG/DXF 导出设置"对话框，如图 14.27 所示，进行相关修改后单击"确定"按钮。

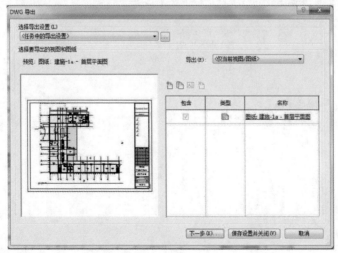

图 14.27

④在 "DWG 导出图层"对话框中的"图层名称"对应的是 AutoCAD 中的图层名称。以轴网的图层设置为例，向下拖曳，找到"轴网"，默认情况下轴网和轴网标头的图层名称均为"S-GRIDIDM"。因此，导出后，轴网和轴网标头均位于图层"S-GRIDIDM"，无法分别控制线型和可见性等属性。

⑤单击"轴网"图层名称"S-GRIDIDM"，输入新名称"AXIS"；单击"轴网标头"图层名称"S-GRIDIDM"，输入新名称"PUB_BIM"。这样，导出的 DWG 文件，轴网在"AXIS"图层上，而轴网标头在"PUB_BIM"图层上，符合绘图习惯。

⑥ "DWG 导出"对话框中的颜色 ID 对应 AutoCAD 中的图层颜色，如颜色 ID 设为"7"，导出的 DWG 图纸中该图层为白色。

【注意】

Revit 的图层导出文件为独立 TXT 文件，生成 DGN 图层映射文件时，该文件的命名方式如下：exportlayers-DGN-< 标准 >.txt。其中，< 标准 > 表示所选的导出图层标准（如 AIA 或 BS1192）。

图层映射文件位于 C:\Documents and Settings\All Users\Application Data\Autodesk\< 产品 > 目录中（对于 Windows ®Vista 和 Windows 7，图层映射文件的位置为 C:\ProgramData\Autodesk\< 产品 >）。导出项目时，会将其图层映射文件（与项目一起）导出为目标 CAD 程序的相应格式。

---

⑦在 "DWG 导出"对话框中单击"下一步"按钮，在弹出的"导出 CAD 格式保存到目标文件夹"对话框的"保存于"下拉列表中设置保存路径，在"文件类型"下拉列表中选择相应 CAD 格式文件的版本，在"文件名 / 前缀"文本框中输入文件名称。

⑧单击"确定"按钮，完成 DWG 文件导出设置。

第 15 章　体量的创建与编辑

本章将介绍 Autodesk Revit Architecture 2016 全新的体量设计工具的应用方法、体量族的创建方法以及创建基于公制幕墙嵌板填充图案构件族。

Autodesk Revit Architecture 2016 体量建模能力极强，使得各种异形建筑的设计及平立剖面图纸的自动生成成为其一大亮点。

15.1　创建体量

体量是在建筑模型的初始设计中使用的三维形状。通过体量研究，可以使用造型形成建筑模型概念，从而探究设计的理念。概念设计完成后，可以直接将建筑图元添加到这些形状中。

Autodesk Revit Architecture 2016 提供了两种创建体量的方式。

①内建体量：用于表示项目独特的体量形状。

②创建体量族：在一个项目中放置体量的多个实例，或在多个项目中需要使用同一体量族时，通常使用可载入体量族。

15.1.1　内建体量

1）新建内建体量

①单击"体量和场地"选项卡下"概念体量"面板中的"内建体量"按钮，如图 15.1 所示。

【注意】

默认体量为不可见的，为创建体量，可先激活"显示数量形状和楼层"模式。在 Autodesk Revit Architecture 2016 中提供了 4 种体量显示。

a. 按视图设置显示体量，此选项将根据"可见性/图形"对话框中"体量"类别的可见性设置显示体量。当"体量"类别可见时，可以独立控制体量子类别（如体量墙、体量楼层和图案填充线）的可见性。这些视图专有的设置还决定是否打印体量。

b. 显示体量 形状和楼层：设置此选项后，即使体量类别的可见性在某视图中关闭，所有体量实例和体量楼层也会在所有视图中显示。

c. 显示体量 表面类型：执行概念能量分析时，可使用此选项显示体量表面，以便可以选择各个表面并修改其图形外观或能量设置。要激活此选项，可单击"分析"选项卡下"能量设置"面板中的"创建能量模型"按钮。

d. 显示体量 分区和着色：执行概念能量分析时，可使用此选项显示体量分区和着色，以便可以选择各个分区并修改其设置。要激活此选项，可单击"分析"选项卡下"能量设置"面板中的"创建能量模型"。

②在弹出的"名称"对话框输入内建体量族的名称，然后单击"确定"按钮，即可进入内建体量的草图绘制模型，如图 15.2 所示。

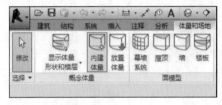

图 15.1　　　　　　　　　　　　　　图 15.2

③Revit 将自动打开如图 15.3 所示的"内建模型体量"上下文选项卡，列出了创建体量的常用工具。可以通过绘制、载入或导入的方法得到需要被拉伸、旋转、放样、融合的一个或多个几何图形。

图 15.3

④以下几种线型可用于创建体量。

a. 模型：使用线工具绘制的闭合或不闭合的直线、矩形、多边形、圆、圆弧、样条曲线、椭圆、椭圆弧等都可以被用于生成体块或面。

b. 参照线：使用参照线来创建新的体量或都创建体量的限制条件。

c. 由点创建的线：单击"创建"选项卡/"绘制"面板/"模型"工具中的"通过点的样条曲线"，将基于所选点创建一个样条曲线，自由点将成为线的驱动点。通过拖曳这些点可修改样条曲线路径，如图15.4所示。

  d. 导入的线：外部导入的线。

  e. 另一个形状的边：已创建的形状的边。

  f. 来自已载入族的线或边：选择模型线或参照，然后单击"创建形状"按钮。参照可以包括族中几何图形的参照线、边缘、表面或曲线。

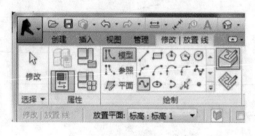

图 15.4

2）创建不同形式的内建体量

  通过选择上一步的方法创建的一个或多个线、顶点、边或面，单击"修改 线"选项卡下"形状"面板中的"创建形状"按钮，可创建精确的实心形状或空心形状。通过拖曳这些形状，可以创建所需的造型，也可直接操纵形状，不再需要为更改形状造型而进入草图模式。

  ①选择一条线创建形状：线将垂直向上生成面，如图15.5所示。

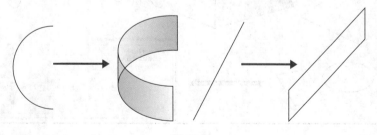

图 15.5

  ②选择两条线创建形状：选择两条线创建形状时，预览图形下方可选择创建方式，可以选择以直线为轴旋转弧线，也可以选择两条线作为形状的两边形成面，如图15.6所示。

  ③选择一闭合轮廓创建形状：创建拉伸实体，按【Tab】键可切换选择体量的点、线、面、体，选择后可通过拖曳修改体量，如图15.7所示。

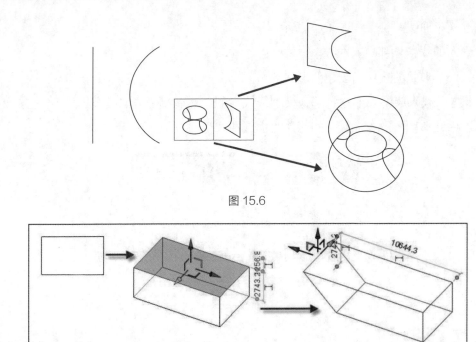

图 15.6

图 15.7

④选择两个及以上闭合轮廓创建形状：如图 15.8 所示，选择不同高度的两个闭合轮廓或不同位置的垂直闭合轮廓，Revit 将自动创建融合体量；选择同一高度的两个闭合轮廓无法生成体量。

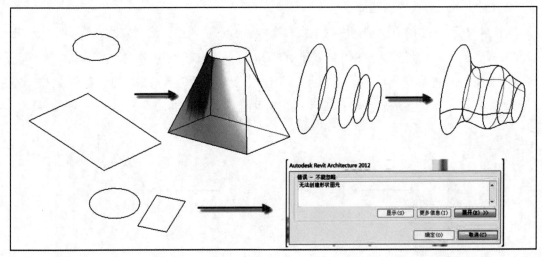

图 15.8

⑤选择一条线及一条闭合轮廓创建形状：当线与闭合轮廓位于同一工作平面时，将以直线为轴旋转闭合轮廓创建形体。当选择线及线的垂直工作平面上的闭合轮廓创建形状时，将创建放样的形体，如图 15.9 所示。

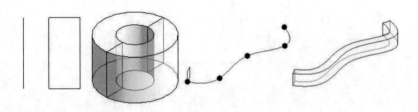

图 15.9

⑥选择一条线及多条闭合曲线：为线上的点设置一个垂直于线的工作平面，在工作平面上绘制闭合轮廓，选择多个闭合轮廓和线可以生成放样融合的体量，如图 15.10 所示。

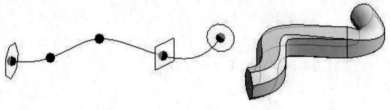

图 15.10

3）编辑选择创建的体量

体量编辑菜单如图 15.11 所示。

①如图 15.12 所示，按【Tab】键选择点、线、面，选择后将出现坐标系。当光标放在 X、Y、Z 任意坐标方向上，该方向箭头将变为亮显，此时按住并拖曳将在被选择的坐标方向移动点、线或面。

图 15.11

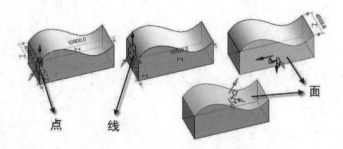

图 15.12

【注意】

只需对一个形状使用透视模式，所有模型视图可以同时变为该模式。例如，如果显示了多个平铺的视图，当在一个视图中对某个形状使用透视模式时，其他视图中也会显示透视模式。同样，在一个视图中关闭透视模式时，所有其他视图的透视模式也会随之关闭，如图 15.13 所示。

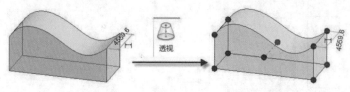

图 15.13

②选择体量，单击"修改｜形式"上下文选项卡下"形状图元"面板中的"透视"按钮，观察体量模型。如图 15.13 所示，透视模式将显示所选形状的基本几何骨架。这种模式下便于更清楚地选择体量几何构架，对它进行编辑。再次单击"透视"工具，关闭透视模式。

③选择体量，在创建体量时自动产生的边缘有时不能满足编辑需要，单击"修改 形式"选项卡下"形状图元"面板中的"添加边"按钮。将光标移动到体量面上，将出现新边的预览，在适当位置单击即完成新边的添加。同时，也添加了与其他边相交的点，可选择该边或点通过拖曳的方式编辑体量，如图 15.14 所示。

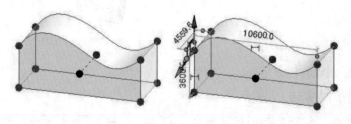

图 15.14

④选择体量，单击"修改｜形式"选项卡下"形状图元"面板中的"添加轮廓"按钮，将光标移动到体量上，将出现与初始轮廓平行的新轮廓的预览，在适当位置单击将完成新的闭合轮廓的添加。新的轮廓同时将生成新的点及边缘线，可以通过操纵它们来修改体量，如图 15.15 所示。

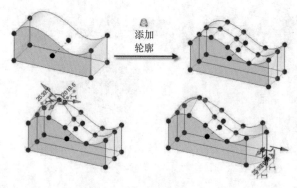

图 15.15

⑤选择体量中的某一轮廓，单击"修改｜形式"选项卡下"形状图元"面板中的"锁定轮廓"按钮，体量将简化为所选轮廓的拉伸，手动添加的轮廓将失效，并且操纵方式受到限制，锁定轮廓后无法再添加新轮廓，如图 15.16 所示。

⑥选择被锁定的轮廓或体量，单击"修改｜形式"选项卡下"形状图元"面板中的"解

锁轮廓"按钮，将取消对操纵柄的操作限制，添加的轮廓也将重新显示并可编辑，但不会
恢复锁定轮廓前的形状，如图 15.17 所示。

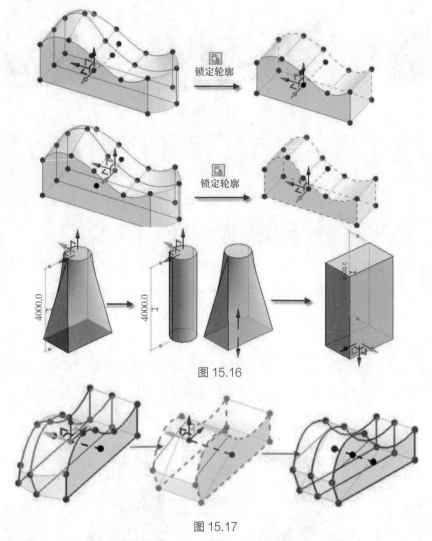

图 15.16

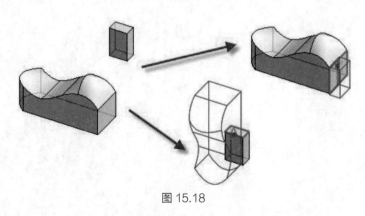

图 15.17

⑦选择体量，单击"修改 | 形式"选项卡下"形状图元"面板中的"变更形状的主体"
按钮，可以修改体量的工作平面，将体量移动到其他体量或构件的面上，如图 15.18 所示。

图 15.18

⑧选择体量，在"属性"面板中选择"标识数据"→"实心/空心"选项，可将该构件转换为空心形状，即用于掏空实心体量的空心形体，如图 15.19 所示。

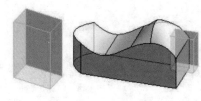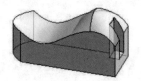

图 15.19

【注意】
空心形状有时不能自动剪切实心形状，可使用"修改"选项卡下"编辑几何图形"面板中的"剪切"→"剪切几何图形"工具，选择需要被剪切的实心形状后，单击空心形状，即可实现体量的剪切。

⑨创建空心形状可在选择线后，选择"修改｜线"选项卡下"形状"面板中的"创建形状"→"形状"→"空心形状"命令，可直接创建空心形状，通过"属性"面板中的"实心/空心"选项转换实心和空心。

4）体量分割面的编辑

①选择体量上任意面，单击"修改｜形状图元"上下文选项卡下"分割"面板中的"分割表面"按钮，表面将通过 UV 网格（表面的自然网格分割）进行分割所选表面，如图 15.20 所示。

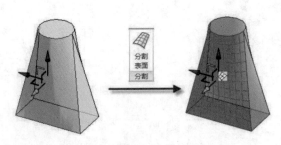

图 15.20

【注意】
UV 网格是用于非平面表面的坐标绘图网格。三维空间中的绘图位置基于 XYZ 坐标系，而二维空间则基于 XY 坐标系。由于表面不一定是平面，因此绘制位置时采用 UVW 坐标系。这在图纸上表示为一个网格，针对非平面表面或形状的等高线进行调整。UV 网格用在概念设计环境中相当于 XY 网格。即两个方向默认垂直交叉的网格，表面的默认分割数为：12×12（英制单位）和 10×10（公制单位），如图 15.21 所示。

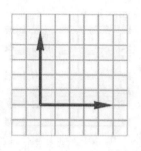

图 15.21

②UV 网格彼此独立，并且可以根据需要开启和关闭。默认情况下，最初分割表面后，U 网格和 V 网格都处于启用状态。

③单击"修改｜分割表面"选项卡下"UV 网格"面板中的"U 网格"按钮，将关闭横向 U 网格，再次单击该按钮将开启 U 网格，关闭、开启 V 网格操作相同，如图 15.22 所示。

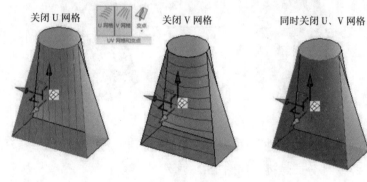

图 15.22

④选择被分割的表面，在选项栏可以设置 UV 排列方式："编号"即以固定数量排列网格，如图 15.23 所示的设置，U 网格"编号"为"10"，即共在表面上等距排布 10 个 U 网格。

图 15.23

⑤如选择选项栏的"距离"单选按钮，在下拉列表可以选择"距离""最大距离""最小距离"并设置距离。以距离数值 2 000 mm 为例，介绍 3 个选项对 U 网格排列的影响，如图 15.24 所示。

图 15.24

● 距离 2 000 mm：表示以固定间距 2 000 mm 排列 U 网格，第一个和最后一个不足 2 000 mm 也自成一格。

● 最大距离 2 000 mm：以不超过 2 000 mm 的相等间距排列 U 网格。例如，总长度为 11 000 mm，将等距产生 U 网格 6 个，即每段 2 000 mm 排布 5 条 U 网格还有剩余长度，为保证每段都不超过 2 000 mm，将等距生成 6 条 U 网格。

●最小距离 2 000 mm：以不小于 2 000 mm 的相等间距排列 U 网格。例如，总长度为 11 000 mm，将等距产生 U 网格 5 个，最后一个剩余的不足 2 000 mm 的距离将均分到其他网格。

⑥V 网格的排列设置与 U 网格相同。

5）分割面的填充

①选择分割后的表面，单击"属性"面板中的"修改图元类型"下拉按钮，可在下拉列表中选择填充图案，默认为"无填充图案"，可以为已分割的表面填充图案。如选择"八边形"，效果如图 15.25 所示。

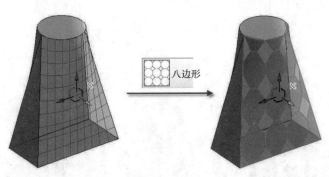

图 15.25

②选择填充图案，在"属性"面板中的"边界平铺"属性用于确定填充图案与表面边界相交的方式：空、部分或悬挑，如图 15.26 所示。

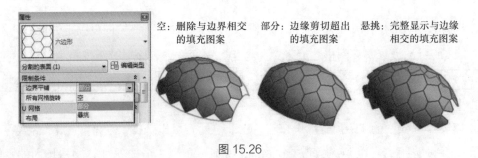

图 15.26

③所有网格旋转：即旋转 UV 网格及为表面填充图案，如图 15.27 所示。

图 15.27

④网格的实例属性中，UV网格的"布局""距离"的设置等同于选择分割过的表面后选项栏的设置，如图15.28所示。

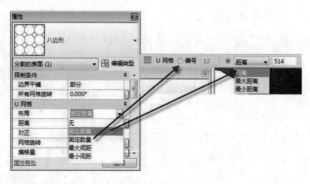

图 15.28

● 对正：此选项设置UV网格的起点，可以设置"起点""中心""终点"3种样式，如图15.29所示。

● 中心：如图 15.29（a）所示，UV 网格从中心开始排列，上下均有不完整的网格，默认设置为"中心"。

● 起点：如图 15.29（b）所示，从下向上排列 UV 网格，最上面有可能出现不完整的网格。

● 终点：如图 15.29（c）所示，从上向下排列 UV 网格，最下面有可能出现不完整的网格。

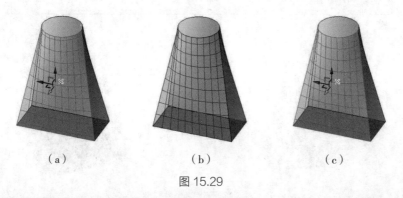

（a）　　　　　　　　（b）　　　　　　　　（c）

图 15.29

【注意】

对正的设置只有在"布局"设置为"固定距离"时可能有明显效果，其他几种布局方法网格均为均分，所以对正影响不大。

● 网格旋转：分别旋转 U、V 方向的网格或填充图案的角度。

● 偏移：调整 U、V 网格对正的起点位置。例如，对正为起点，偏移 1 000 mm，则表示底边向上 1 000 mm 为起点。

⑤标识数据的"注释"和"标记"可手动输入与表面有关的内容，用于说明该构件，可在创建明细表或标记该构件时被提取出来。

⑥单击"插入"选项卡下"从库中载入"面板中的"载入族"按钮，在默认的族库文件夹"建筑"中双击鼠标左键，打开"按填充图案划分的幕墙嵌板"文件夹，如图 15.30（a）所示。载入可作为幕墙嵌板的构件族，如选择"1-2 错缝表面 .rfa"，单击"打开"按钮，完成族的载入。选择被分割的表面，单击"属性"面板中的"修改图元类型"按钮，选择刚刚载入的"1-2 错缝表面（玻璃）"，可以自定义创建"按填充图案划分的幕墙嵌板"族实现不同样式的幕墙效果，具体内容见"创建按填充图案划分的幕墙嵌板族"，如图 15.30（b）所示。

（a）

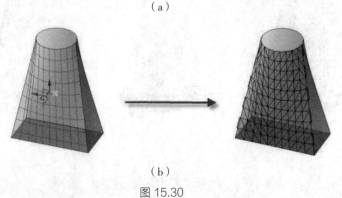

（b）

图 15.30

6）创建内建体量的其他注意事项

①选择体量被分割或被填充图案或填充幕墙嵌板构件的表面，单击"修改 | 分割的表面"选项卡下"表面表示"面板中的"表面""填充图案""构件"3 个按钮，用于设置面的显示：可设置显示表面、节点、网格线。默认单击"表面"工具将关闭 UV 网格，显示原始表面。单击"表面表示"面板右下角的按钮，将弹出"表面表示"对话框，如图 15.31 所示。

②表面：当选择一个未分割的表面，单击"修改 形状图元"选项卡下"分割"面板中的"分割表面"，图 15.32 所示"表面表示"面板下的"表面"按钮将变为可用，单击该按钮可关闭或开启表面网格的显示。

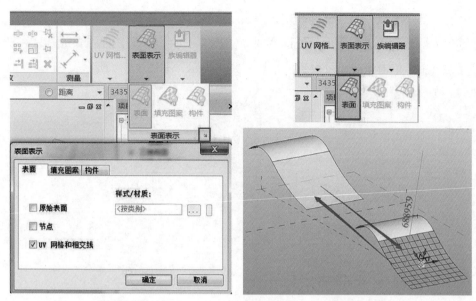

图 15.31　　　　　　　　　　　　　　　　图 15.32

③单击"表面表示"面板右下角的按钮，将弹出"表面表示"对话框，可设置表面的"原始表面""节点""UV 网格和相交线"的显示设置。勾选各复选框后无须单击"确定"按钮即可预览效果，如图 15.33 所示。

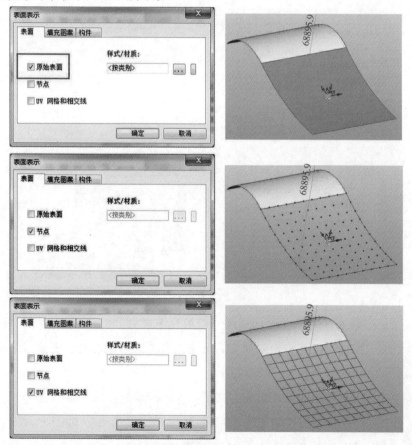

图 15.33

④若勾选"节点"复选框并确定，单击"表面"按钮即可打开或关闭节点的显示。

⑤当为所选表面添加表面填充图案时，"表面表示"面板下的"填充图案"按钮将由灰显变为可用。单击该按钮可设置图案填充是否显示，如图 15.34 所示。

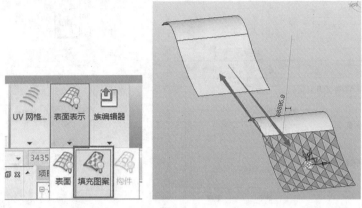

图 15.34

⑥单击"表面表示"面板右下角的按钮，将弹出"表面表示"对话框，可设置填充图案的"填充图案线""图案填充"的显示设置。勾选各复选框后无须单击"确定"按钮即可预览效果，如图 15.35 所示。

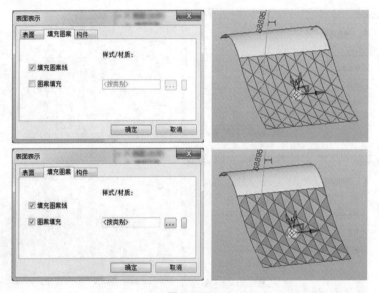

图 15.35

⑦当在项目中载入并为所选表面添加"按填充图案划分的幕墙嵌板"构件时，"表面表示"面板下的"构件"按钮将由灰显变为可用。单击该按钮可设置表面构件是否显示，如图 15.36 所示。

⑧"构件"选项卡中只有一项设置，如果不勾选"填充图案构件"复选框，单击"表面表示"面板下的"构件"按钮将不起作用，建议勾选该复选框，如图 15.37 所示。

⑨创建、编辑完成一个或多个内建体量后，若体量有交叉，可以按如下操作连接几何形

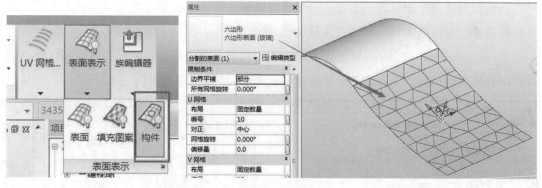

图 15.36

体: 在"修改"选项卡下"几何图形"面板中单击"连接"→"连接几何图形"按钮,在绘图区域依次单击两个有交叉的体量,即可清理掉两个体量重叠的部分,如图 15.38 所示。

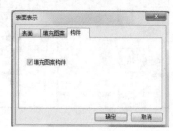

⑩单击"取消连接几何图形"按钮,单击任意一个被连接的体量即可取消连接。

⑪ 创建并编辑完体量后,单击任意选项卡的"在位编辑器",单击"完成体量"按钮,完成内建体量的创建。

图 15.37

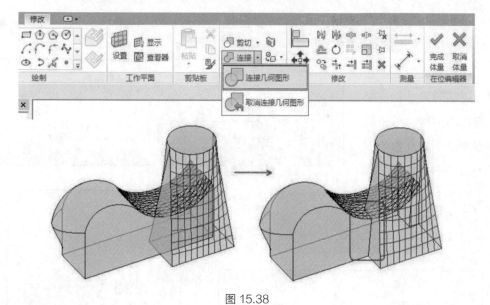

图 15.38

15.1.2 创建体量族

上一节介绍了内建体量的创建及编辑,体量族与内建体量创建形体的方法基本相同。但由于内建体量只能随项目保存,因此在使用上相对体量族有一定的局限性。而体量族不仅可以单独保存为族文件随时载入项目,而且在体量族空间中还提供如三维标高等工具,并预设了两个垂直的三维参照面,优化了体量创建及编辑的环境。

在应用程序菜单中选择"新建"→"概念体量"命令，在弹出的"新建概念体量 – 选择样板文件"对话框中双击"公制体量 .rft"族样板，进入体量族的绘制空间。

Revit Architecture 2016 的概念体量族空间的三维视图提供了三维标高面，可以在三维视图中直接绘制标高，更有利于体量创建中工作平面的设置，如图 15.39 所示。

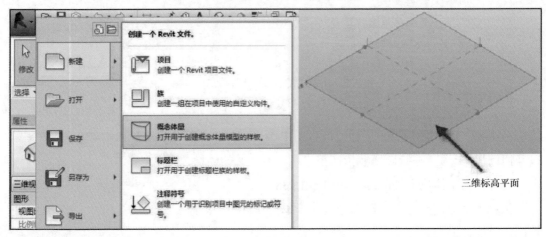

图 15.39

1）三维标高的绘制

单击"创建"选项卡下"基准"面板中的"标高"按钮，将光标移动到绘图区域现有标高面上方，光标下方出现间距显示，可直接输入间距（如"10000"，即 10 m），按回车键即可完成三维标高的创建，如图 15.40 所示。

标高绘制完成后，还可以通过临时尺寸标注修改三维标高高度，单击可直接修改两个标高数值，如图 15.41 所示。

图 15.40

【注意】
体量族空间中默认单位为"毫米"。

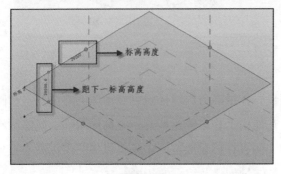

图 15.41

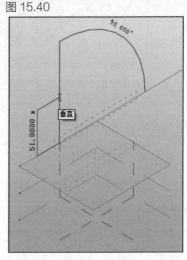

图 15.42

三维视图同样可以"复制"没有楼层平面的标高，如图 15.42 所示。

2）三维工作平面的定义

在三维空间中要准确绘制图形，必须先定义工作平面，Revit Arcthitecture 2016 的体量族中有两种定义工作平面的方法。

①单击"创建"选项卡下"工作平面"面板中的"设置"按钮，选择标高平面或构件表面等即可将该面设置为当前工作平面。

②单击激活"显示"工具可始终显示当前工作平面，如图 15.43 所示。

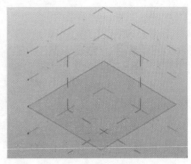

图 15.43

例如，在 F1 平面视图中绘制如图 15.44 所示的样条曲线，若需以该样条曲线作为路径创建放样实体，则需要在样条曲线关键点绘制轮廓。可单击"创建"选项卡下"工作平面"面板中的"设置"按钮，在绘图区域样条曲线特殊点上单击，即可将当前工作平面设置为该点上的垂直面。此时，可使用"绘制"面板中的"线"工具，单击线工具（如矩形）在该点的工作平面上绘制轮廓，如图 15.44 所示。

选择样条曲线，并按【Ctrl】键多选该样条曲线上的所有轮廓，单击"创建"选项卡下"形状"面板中的"创建形状"按钮的上半部分，直接创建实心形状，如图 15.45 所示。

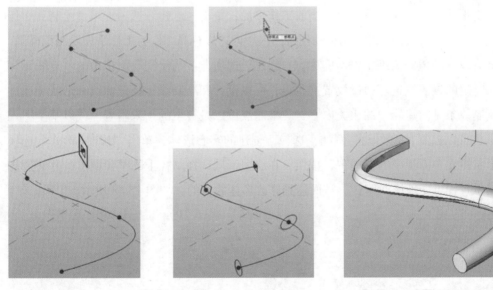

图 15.44　　　　　　　　　　图 15.45

在绘图区域单击相应的工作平面，即可将所选的工作平面设置为当前工作平面，如图 15.46 所示。

通过以上两种方法均可设置当前工作平面，即可在该平面上绘制图形。如图 15.47 所示，

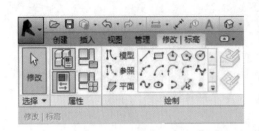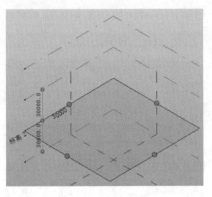

图 15.46

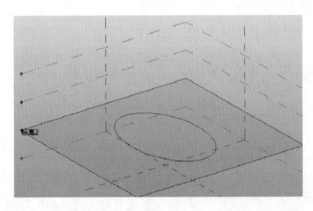

图 15.47

单击标高 2 平面，将标高 2 平面设为当前工作平面，单击"创建"选项卡下"绘制"面板中的"线"→"椭圆"按钮，将光标移动到绘图区域即可以标高 2 作为工作平面绘制该椭圆。

在概念设计环境的三维工作空间中，"创建"选项卡下"绘制"面板中的"点图元"工具提供特定的参照位置。通过放置这些点，可以设计和绘制线、样条曲线和形状（通过参照点绘制线条见内建族中的相关内容）。参照点可以是自由的（未附着）或以某个图元为主体，也可以控制其他图元。例如，选择已创建的实心形体，单击"修改|形式"选项卡下"形状图元"面板中的"透视"按钮，在绘图区域选择路径上的某参照点，并通过拖曳调整其位置皆可实现修改路径，从而达到修改形体的目的，如图 15.48 所示。

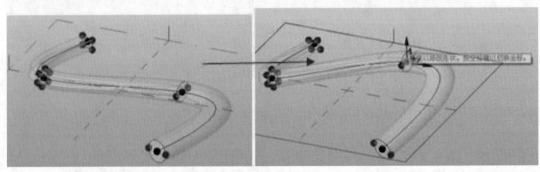

图 15.48

15.1.3 创建应用自适应构件族

自适应构件功能经过专门设计，能够使构件灵活地适应独特的关联情况。自适应点可通过修改参考点创建。通过排列这些自适应点绘制的几何图形，可创建自适应构件。

①在应用程序菜单中，选择"新建"→"概念体量"命令，在弹出的"新建概念体量 - 选择样板文件"对话框中双击"公制体量 .rft"的族样板，创建自适应构件族，如图 15.49 所示。

②单击"体量和场地"选项卡下"概念体量"面板中的"内建体量"按钮，弹出名称对话框，输入名字单击"确定"按钮后创建体量。选择体量表面，单击"分割"面板中的"分割表面"按钮，使用"UV 网格和交点"面板上的 UV 网格命令编辑表面，找到在"属性"面板中的"限制条件"，在其下方单击"边界平铺"后的方框，在下拉列表中选择"部分"选项，如图 15.50 所示。

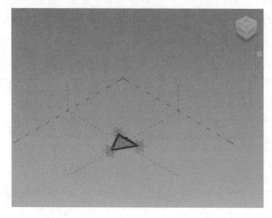

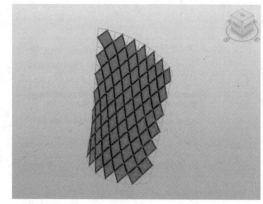

图 15.49   图 15.50

③在使用 UV 网格编辑表面时，平面的边缘部分无法编辑到，类似于这样的情况需要用自适应构件族来补充不规则的平面边缘，如图 15.51 所示。

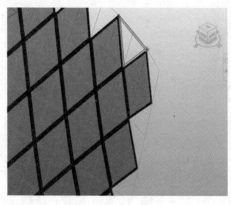

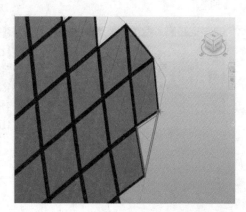

图 15.51

15.2　体量的面模型

Revit Architecture 2016的体量工具可以实现初步的体块穿插的研究。体块的方案确定后,"面模型"工具可以将体量的面转换为建筑构件,如墙、楼板、屋顶等,以便继续深入方案。

15.2.1　在项目中放置体量

①如果在项目中绘制了内建体量,完成体量都可以使用"面模型"工具细化体量方案。

②如需使用体量族,需单击"体量和场地"选项卡下"概念体量"面板中的"放置体量"按钮,若未开启"显示体量"工具,将自动弹出"体量 - 显示体量已启用"提示对话框,直接关闭即可自动启动"显示体量",如图 15.52 所示。

③如果项目中没有体量族,将弹出如图 15.53 所示的 Revit 提示对话框。单击"是"按钮将弹出"打开"对话框,选择需要的体量族,单击"打开"按钮即可载入体量族。

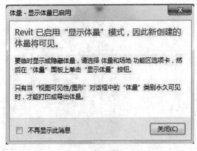

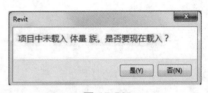

图 15.52　　　　　　　　　　　　　　　　图 15.53

④光标在绘图区域可能会是不可用状态,因为"放置体量"选项卡下"放置"面板中的"放置在面上"工具默认被激活。若项目中有楼板等构件或其他体量时可直接放置在现有的构件面上,如图 15.54 所示。

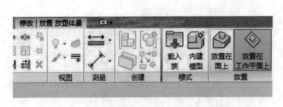

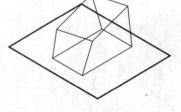

图 15.54

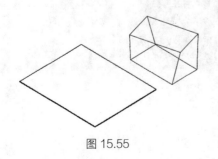

⑤若不需要放置在构件面上,则需要激活"放置体量"选项卡下"放置"面板中的"放置在工作平面上"工具,如图 15.55 所示。

图 15.55

15.2.2　创建体量的面模型

①可以在项目中载入多个体量，若体量之间有交叉可使用"修改"选项卡下"几何图形"面板中的"连接"→"连接几何图形"按钮，依次单击交叉的体量，即可清理掉体量重叠部分，如图 15.56 所示。

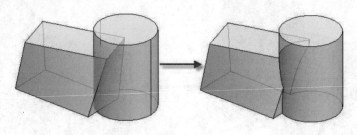

图 15.56

②选择项目中的体量，单击"修改|体量"选项卡下"模型"面板中的"体量楼层"按钮，将弹出"体量楼层"对话框，将列出项目中标高名称；勾选各复选框并单击"确定"按钮后，Revit 将在体量与标高交叉位置生成符合体量的楼层面，如图 15.57 所示。

③进入"体量和场地"选项卡下的"概念体量"面板，单击"面模型"→"屋顶"按钮，在绘图区域单击体量的顶面，然后单击"放置面屋顶"选项卡下"多重选择"面板中的"创建屋顶"按钮，即可将顶面转换为屋顶的实体构件，如图 15.58 所示。

④在"属性"面板中可以修改屋顶类型，如图 15.59 所示。

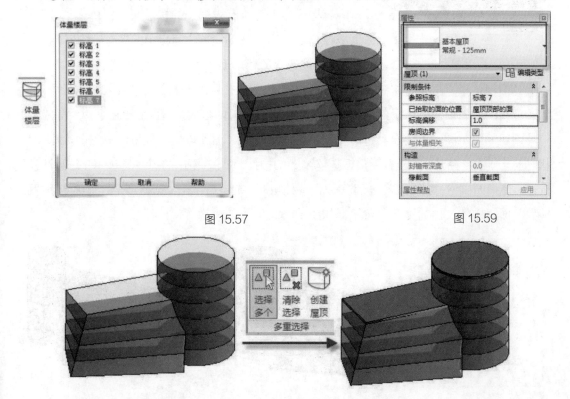

图 15.57　　　　　　　　　　　　　　　　　　图 15.59

图 15.58

⑤单击"体量和场地"选项卡下"面模型"面板中的"幕墙系统"按钮，在绘图区域依次单击需要创建幕墙系统的面，并单击"多重选择"面板中的"创建系统"按钮，即可在选择的面上创建幕墙系统，如图 15.60 所示。

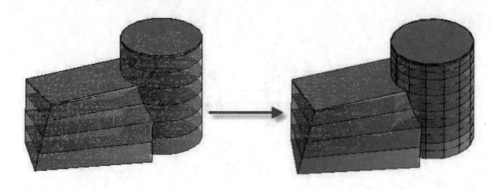

图 15.60

图 15.61

⑥单击"体量和场地"选项卡下"面模型"面板中的"墙"按钮，在绘图区域单击需要创建墙体的面，即可生成面墙，如图 15.61 所示。

⑦单击"体量和场地"选项卡下"面模型"面板中的"楼板"按钮，在绘图区域单击楼层面积面，或直接框选体量，Revit 将自动识别所有被框选的楼层面积；单击"放置面楼板"选项卡下"多重选择"面板中的"创建楼板"按钮，即可在被选择的楼层面积面上创建实体楼板。

⑧内建体量，可以直接选择体量并通过拖曳的方式调整形体。对于载入的体量族也可以通过其图元属性修改体量的参数，从而实现修改体量的目的。体量变更后通过"面模型"工具创建的建筑图元不会自动进行更新，可以"重做"图元以适应体量面的当前大小和形状：体量圆柱半径减小，从右下角框选体量上的构件，单击"选择多个"选项卡下"过滤器"按钮，选择面模型："屋顶""幕墙系统""楼板"。确定后单击"选择多个"选项卡下"面模型"面板中的"面的更新"按钮，如图 15.62 所示。

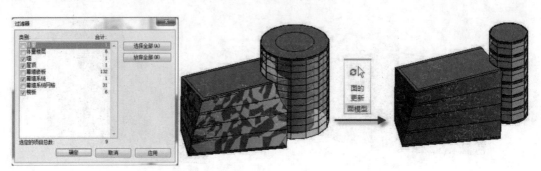

图 15.62

【注意】

如需编辑体量随时可通过"显示体量"开启体量的显示，但"显示体量"工具是临时工具，当关闭项目下次打开时，"显示体量"将为关闭状态；如需在下次打开项目时体量仍可见，需在"属性"对话框中选择"视图属性"→"可见性 / 图形替换"选项，在该视图的"可见性 / 图形替换"对话框中勾选"体量"复选框，如图 15.63 所示。

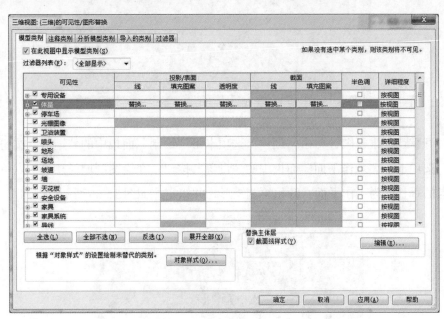

图 15.63

15.3   创建基于公制幕墙嵌板填充图案构件族

①在应用程序菜单中选择"新建"→"族"命令，在弹出的"新族 - 选择样板文件"对话框中选择"基于公制幕墙嵌板填充图案 .rft"的族样板，单击"打开"按钮，即可进入族的创建空间。

②构件样板由网格、参照点和参照线组成，默认的参照点是锁定的，只允许垂直方向的移动。这样可以维持构件的基本形状，以便构件按比例应用到填充图案。

③打开该族样板默认为矩形网格，选择网格，可在"修改瓷砖填充图案网格"上下文选项卡下"图元"面板中的"修改图元类型"下拉列表中修改网格，创建不同样式的幕墙嵌板填充构件，如图 15.64 所示。

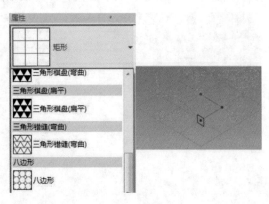

图 15.64

④"基于公制幕墙嵌板填充图案"的族空间与体量族的建模方式基本相同，步骤如下：

a. 该族样板默认有 4 条参照线，可作为创建形体的线条，以 4 条参照线作为路径，如图 15.65 所示。

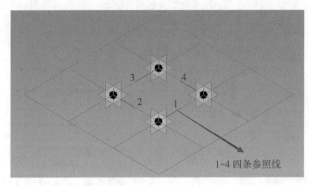

图 15.65

b. 打开默认三维视图，单击"创建"选项卡下"绘制"面板中的"矩形"按钮，单击"创建"选项卡下"工作平面"面板中的"设置"按钮；在绘图区域任意参照点单击，将设置该点的垂直面为工作平面，开始绘制矩形，并锁定，如图 15.66 所示。

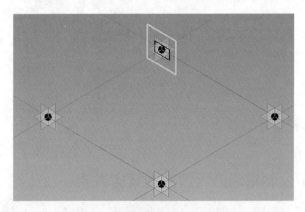

图 15.66

c. 按【Ctrl】键多选 4 条参照线及刚刚绘制的矩形轮廓，单击"选择多个"选项卡下"形状"面板中的"创建形状"工具，即完成如图 15.67 所示形体的创建。

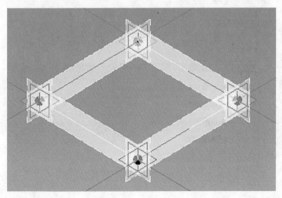
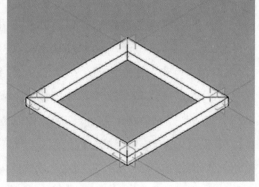

图 15.67

　　d. 在应用程序菜单"中选择"另存为"→"族"命令，为族命名如"矩形幕墙嵌板构件"，并载入体量族或内建体量族中。

【注意】

同理，体量族及内建体量一样，选择边并拖曳可以修改形体，也可以为形体"添加边"或"添加轮廓"并编辑，如图 15.68 所示。

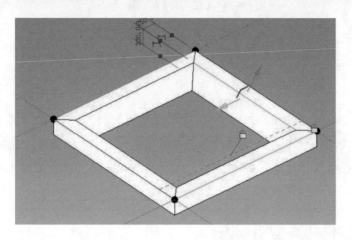

图 15.68

　　e. 在体量族中选择面，单击"修改 | 形状图元"选项卡下"分割"面板中的"分割表面"按钮，选择已经分割的表面；在"属性"面板中的"修改图元类型"下拉列表中选择刚刚创建并载入的"矩形幕墙嵌板构件"即可应用，如图 15.69 所示。

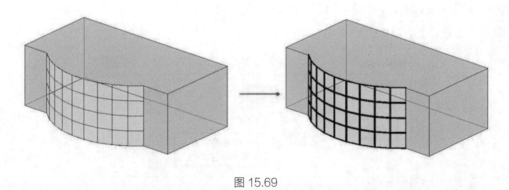

图 15.69

【注意】

项目中关闭"显示体量"时，该幕墙嵌板构件不会被关闭。

第 16 章　明细表

明细表是 Revit 软件的重要组成部分。通过定制明细表，可以从所创建的 Revit 模型（建筑信息模型）获取项目应用中所需要的各类项目信息，应用表格的形式直观地表达。此外，Revit 模型所包含的项目信息，还可以通过 ODBC 数据库导至其他数据库管理软件中。

16.1　创建实例和类型明细表

16.1.1　创建实例明细表

①单击"视图"选项卡下"创建"面板中的"明细表"下拉按钮，在弹出的下拉列表中选择"明细表 / 数量"命令；在弹出的"新建明细表"对话框中选择要统计的构件类别（如窗），设置明细表名称，选择"建筑构件明细表"单选按钮，设置明细表应用阶段，单击"确定"按钮，如图 16.1 所示。

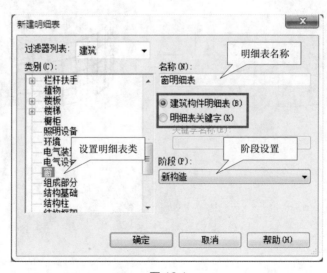

图 16.1

② "字段"选项卡:从"可用字段"列表框中选择要统计的字段,单击"添加"按钮移动到"明细表字段"列表框中,利用"上移""下移"按钮调整字段顺序,如图16.2所示。

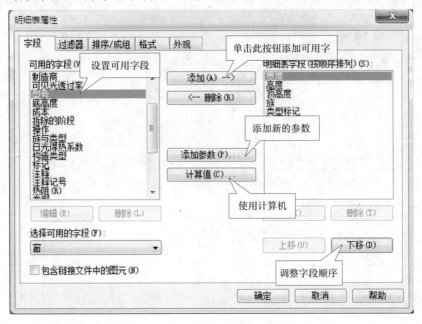

图 16.2

③ "过滤器"选项卡:设置过滤器可以统计其中部分构件,不设置则统计全部构件,如图16.3所示。

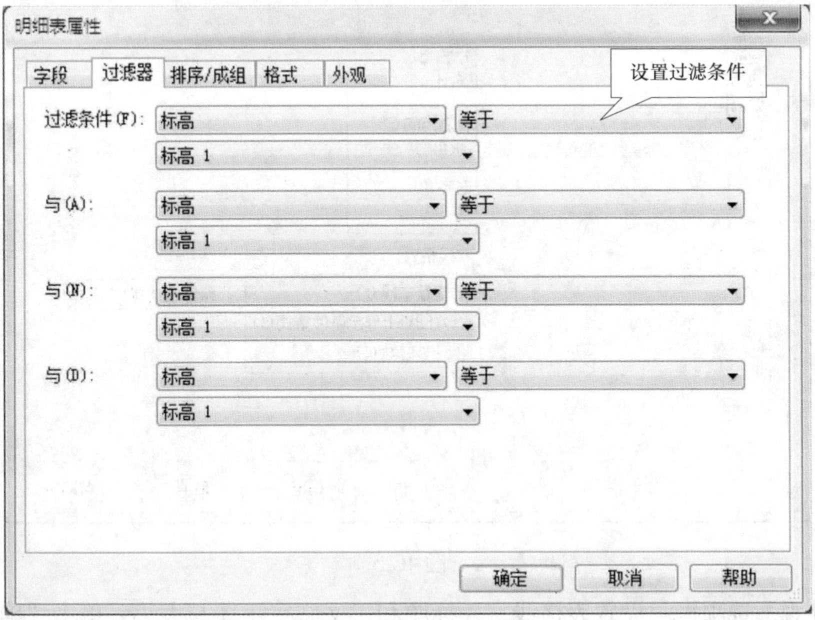

图 16.3

④ "排序/成组"选项卡:设置排序方式,勾选"总计""逐项列举每个实例"复选框,如图16.4所示。

⑤ "格式"选项卡:设置字段在表格中的标题名称(字段和标题名称可以不同,如"类

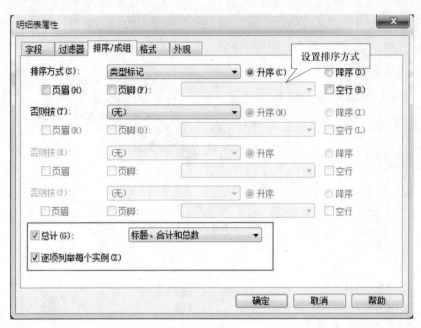

图 16.4

型"可修改为窗编号）、方向、对齐方式，需要时可勾选"计算总数"复选框，如图 16.5 所示。

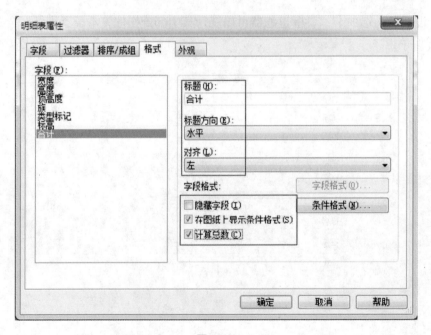

图 16.5

⑥"外观"选项卡：设置表格线宽、标题和正文文字字体与大小，单击"确定"按钮，如图 16.6 所示。

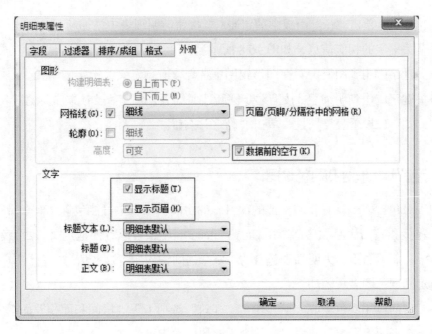

图 16.6

16.1.2 创建类型明细表

在实例明细表视图左侧"视图属性"面板中，单击"排序/成组"对应的"编辑"按钮，在"排序/成组"选项卡中取消勾选"逐项列举每个实例（Z）"复选框。注意，"排序方式"选择构件类型，确定后自动生成类型明细表。

16.1.3 创建关键字明细表

①在功能区"视图"选项卡"创建"面板的"明细表"下拉列表中选择"明细表/数量"选项，选择要统计的构件类别，如房间。设置明细表名称，选择"明细表关键字"单选按钮，输入"关键字名称"，单击"确定"按钮，如图 16.7 所示。

②按上述步骤设置明细表的字段、排序/成组、格式、外观等属性。

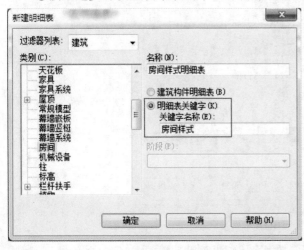

图 16.7

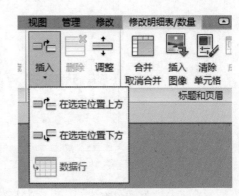

图 16.8

③在功能区，单击"行"面板中的"插入"按钮向明细表中添加新行，创建新关键字，并填写每个关键字的相应信息，如图 16.8 所示。

④将关键字应用到图元中：在图形视图中选择含有预定义关键字的图元。

⑤将关键字应用到明细表：按上述步骤新建明细表，选择字段时添加关键字名称字段，如"房间样式"，设置表格属性，单击"确定"按钮。

16.2　定义明细表和颜色图表

明细表可包含多个具有相同特征的项目，如房间明细表中可能包含 100 个带有相同的地板、天花板和基面涂层的房间。Revit Architecture 中，可以方便地定义，可自动填写信息的关键字，而无需手动为明细表包含的 100 个房间输入所有这些信息。

创建房间颜色图表步骤如下：

①在对房间应用颜色填充之前，单击"建筑"选项卡下"房间和面积"面板中的"房间"按钮，在平面视图中创建房间，并给不同的房间指定名称。

②点击"分析"选择"颜色填充"在"属性"对话框中单击"编辑类型"按钮，弹出"类型属性"对话框，设置其颜色方案的基本属性，如图 16.9 所示。

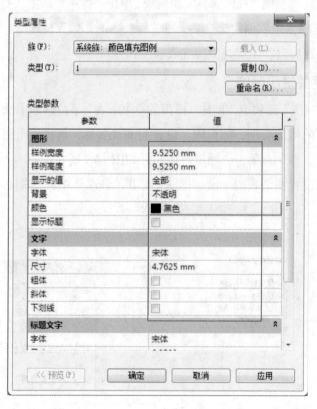

图 16.9

③单击放置颜色方案，并再次选择颜色方案图例，此时自动激活"修改|颜色填充实例"

选项卡，在"方案"面板中单击"编辑方案"按钮，弹出"编辑颜色方案"对话框。

④从"颜色"下拉列表中选择"名称"为填色方案，修改房间的颜色值，单击"确定"按钮退出对话框，此时房间将自动填充颜色，如图16.10所示。

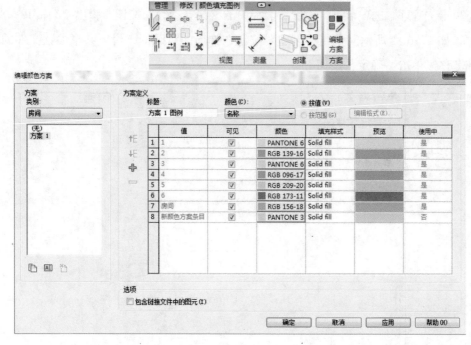

图 16.10

16.3 生成统一格式部件代码和说明明细表

①按16.2节所述步骤新建构件明细表，如墙明细表。选择字段时添加"部件代码"和"部件说明"字段，设置表格属性，确定。

②单击表中某行的"部件代码"，然后单击 A1010210 矩形按钮，选择需要的部件代码，确定。

③在明细表中单击，将弹出一个对话框，单击"确定"按钮将修改应用到所选类型的全部图元中，生成统一格式部件代码和说明明细表，如图16.11所示。

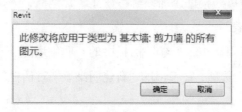

图 16.11

16.4　创建共享参数明细表

使用共享参数可以将自定义参数添加到族构件中进行统计。

1）创建共享参数文件

①单击"管理"选项卡下"设置"面板中的"共享参数"按钮，弹出"编辑共享参数"对话框，如图 16.12 所示。单击"创建"按钮在弹出的对话框，设置共享参数文件的保存路径和名称，单击"确定"按钮。

图 16.12

②单击"组"选项区域的"新建"按钮，在弹出的对话框中输入组名创建参数组；单击"参数"选项区域的"新建"按钮，在弹出的对话框中设置参数的名称、类型，给参数组添加参数；确定创建共享参数文件，如图 16.13 所示。

2）将共享参数添加到族中

新建族文件时，在"族类型"对话框中添加参数时，选择"共享参数"单选按钮，然后单击"选择"按钮，即可为构件添加共享参数并设置其值，如图 16.14 所示。

3）创建多类别明细表

①在"视图"选项卡下单击"创建"面板中的"明细表"下拉按钮，在弹出的下拉列表中选择"明细表 / 数量"选项，在弹出的"新建明细表"对话框的列表中选择"多类别"，单击"确定"按钮。

②在"字段"选项卡中，选择要统计的字段及共享参数字段，单击"添加"按钮移动到"明细表字段"列表中，也可单击"添加参数"按钮选择共享参数。

图 16.13

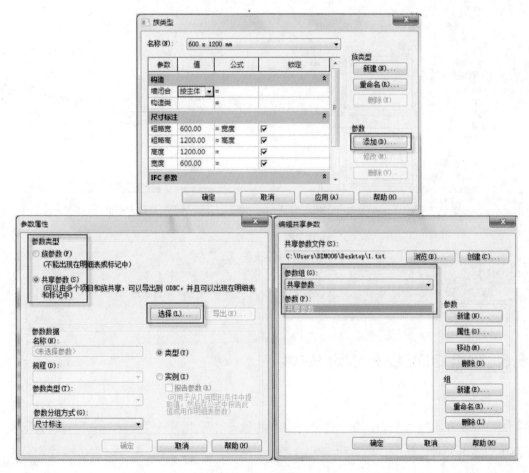

图 16.14

③设置过滤器、排序 / 成组、格式、外观等属性，确定创建多类别明细表。

16.5　在明细表中使用公式

在明细表中，可以通过给现有字段应用计算公式来求得需要的值。例如，可以根据每一种墙类型的总面积创建项目中所有墙的总成本的墙明细表。

①按上节所述步骤新建构件类型明细表，如墙类型明细表，选择统计字段：合计、族与类型、成本、面积，设置其他表格属性。

②在"成本"一列的表格中输入不同类型墙的单价。在属性面板中单击"字段参数"后的"编辑"按钮，打开表格属性对话框的"字段"选项卡。

③单击"计算值"按钮，弹出"计算值"对话框，输入名称（如总成本）、计算公式（如"成本 * 面积 /(1000.0)"），选择字段类型（如面积），单击"确定"按钮。

④明细表中会添加一列"总成本"，其值自动计算，如图 16.15 所示。

图 16.15

> 【提示】
> "/(1000.0)"是为了隐藏计算结果中的单位,否则计算结果中会含有"面积"字段的单位。

16.6　使用 ODBC 导出项目信息

16.6.1　导出明细表

①打开要导出的明细表，在应用程序菜单中选择"导出"→"报告"→"明细表"命令；在"导出"对话框中，指定明细表的名称和路径，单击"保存"按钮将该文件保存为分隔符文本。

②在"导出明细表"对话框中设置明细表外观和输出选项，单击"确定"按钮，完成

图 16.16

导出，如图 16.16 所示。

③启动 Microsoft Excel 或其他电子表格程序，打开导出的明细表，即可进行任意编辑修改。

16.6.2 导出数据库

Revit Architecture 可以将模型构件数据导出到 ODBC（开发数据库连接）数据库中。导出的数据可以包含已指定给项目中一个或多个图元类别的项目参数。对于每个图元类别，Revit 都会导出一个模型类型数据库表格和一个模型实例数据库表格。

【注意】

ODBC 导出仅使用公制单位。如果项目使用英制单位，则 Revit 将在导出到 ODBC 前把所有测量单位转换为公制单位。使用生成的数据库中的数据时，请记住测量单位将反映公制单位。如果需要，可以使用数据库函数将测量单位转换回英制单位。

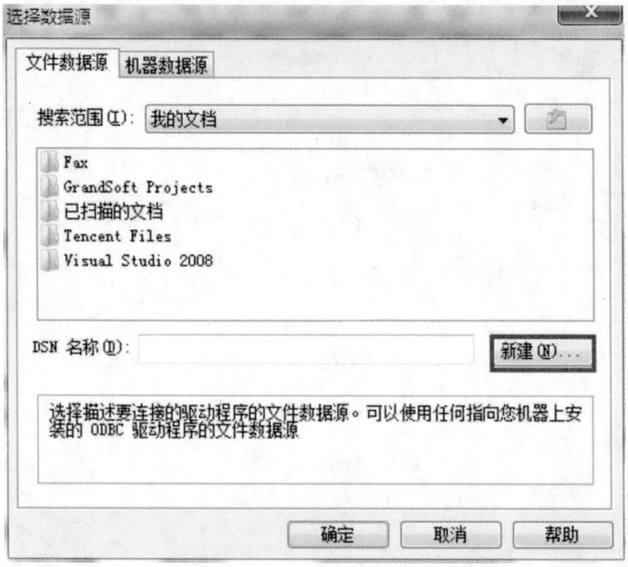

①在应用程序菜单中选择"导出"→"ODBC 数据库"命令，在弹出的"选择数据源"对话框中选择"文件数据源"选项卡，单击"新建"按钮选择"Microsoft Access driver（*mdb）"或其他数据库驱动程序，如图 16.17 所示。

②单击"下一步"按钮，设置文件名称和保存路径。

③单击"下一步"按钮确认设置。单击"完成"按钮，弹出"ODBC Microsoft Access 安装"对

图 16.17

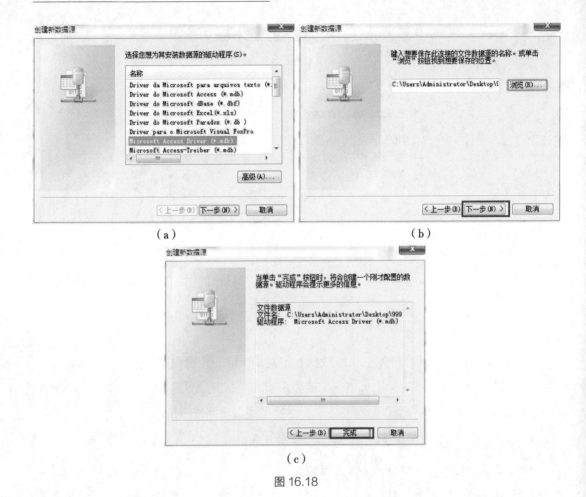

（a）　　　　　　　　　　　　　（b）

（c）

图 16.18

话框，如图 16.18 所示。

　　④单击"创建"按钮设置数据库文件名称和保存路径，在所有对话框中单击"确定"按钮完成导出，如图 16.19 所示。

图 16.19

第17章　设计选项、阶段

Revit 软件提供设计选项的工具，使用户可以在同一个模型中进行多方案的对比，从而方便方案的汇报演示和方案优选。而"阶段"概念的引入，则是将时间的概念引入到模型创建过程。通过阶段的划分，使用户能实现四维的施工模拟及分阶段统计工程量。"工作集"的应用，则为用户提供统一的模型文件和工作环境，也就是说项目的各成员通过局域网，都在同一个工作模型（中心文件）上工作，项目进度随时更新，从而实现专业内部及多专业间的三维协同设计。

17.1　创建多个设计选项

在处理建筑模型过程中，随着项目的不断推进，一般希望探索多个设计方案。这些方案既可能仅仅是概念性设计方案，也可能是详细的工程设计方案。使用设计选项，可以在一个项目文件中创建多个设计方案，如图 17.1 所示。因为所有设计选项与主模型（主模型由没有专门指定给某个设计选项的图元组成）同存于项目之中，可研究和修改各个设计选项，并向客户展示这些选项。

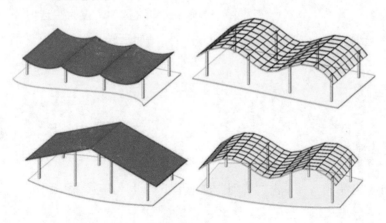

图 17.1

17.1.1　创建设计选项

创建设计选项的步骤如下：

①打开要创建设计选项的主模型，单击"管理"选项卡下"设计选项"面板中的"设计选项"按钮，弹出"设计选项"对话框，如图 17.2 所示。

图 17.2

②单击"选项集"选项区域中的"新建"按钮，新建"选项集 1"（针对某个特定设计问题的几个备选方案的集合）。选择该选项集，单击"选项集"选项区域中的"重命名"按钮，重命名选项集，如"顶棚"。

③新建"选项集 1"的同时，会自动生成一个选项"选项 1（主选项）"。选择"选项 1（主选项）"，单击"选项"选项区域中的"重命名"按钮，命名选项，如"方案 1"。

④单击"选项"选项区域中的"新建"按钮，新建其他"选项"作为次选项（备选方案），并重命名。可以"复制""删除"选项，或将次选项"设为主选项"。

⑤选择主选项，单击"编辑"选项区域中的"编辑所选项"按钮，然后单击"关闭"按钮。

【注意】

这时，可以开始在项目中绘制本设计选项的各项内容。此后，新建的所有图元都将自动添加到此选项中。

⑥该设计方案完成后，单击"管理"选项卡下"设计选项"面板中的"设计选项"按钮，然后单击"完成编辑"。

⑦用同样的方法创建其他选项的设计内容，生成几种设计方案。

17.1.2　准备设计选项进行演示

打开三维视图，图形显示的是选项集中主选项的设计内容，要查看各个设计方案的三维建筑模型，需要复制三维视图，并设置每个视图的可见性。

①在项目浏览器中选择三维视图，单击鼠标右键，在弹出的快捷菜单中选择"复制视图"复制命令，然后"重命名"得到新的视图。

②双击打开新的三维视图，单击"视图"选项卡下"图形"面板中的"可见性/图形"按钮，在打开的"可见性/图形替换"对话框中选择"设计选项"选项卡。单击设计选项名称，从下拉列表中选择要显示的选项，如图 17.3 所示。

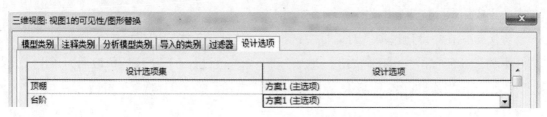

图 17.3

【提示】

如果选项名称都选择"自动"，则三维视图显示主选项的设计方案；如果有几个选项集，每个选项集又有几个不同的选项，则可以搭配出几种不同的设计方案。

17.1.3　编辑设计选项

在主模型状态下，设计选项中的图元是不能选择并编辑的，要编辑设计选项内的图元，有以下两种方法。

方法一：先选择要编辑的选项。

①在类型选择器为主模型状态下，单击"管理"选项卡下"设计选项"面板中的"拾取以进行编辑"按钮，然后在屏幕上选择需要修改编辑的图元，进入编辑状态；也可直接在选择器中选择所需编辑的方案选项，进行方案的修改，如图 17.4 所示。

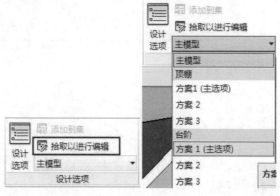

图 17.4

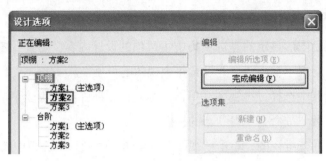

图 17.5

②完成修改后，再次单击"设计选项"按钮，正在编辑的方案此时其名称会加粗显示，单击"完成编辑"按钮退出此次编辑，如图 17.5 所示。

方法二：在"设计选项"对话框中选择一个选项，单击"编辑所选项"按钮，如图 17.6 所示；然后单击"关闭"按钮，进入项目开始修改设计方案。完成修改后，单击"管理"选项卡下"设计选项"面板中的"设计选项"按钮，在"设计选项"对话框中单击"完成编辑"按钮。

图 17.6

【注意】
主模型不能与各选项发生联动关系，如主模型为墙体时不能与选项屋顶发生附着关系等。但可以将已完成附着关系的墙体与屋顶作为选项屋顶，这样在演示方案时就能看到更完整的效果。

17.1.4 接受主选项

经过方案比较并选定最终设计方案后，可将该选项纳入主模型，并删除其他选项。

①在"设计选项"对话框中选择选中的选项，单击"选项"选项区域中的"设为主选项"按钮，将其设为主选项。

②单击"选项集"选项区域中的"接受主选项"按钮，确认提示后单击"是"按钮，Revit Architecture 会将主选项添加到主模型，并删除所有其他选项及选项集，如图 17.7 所示。

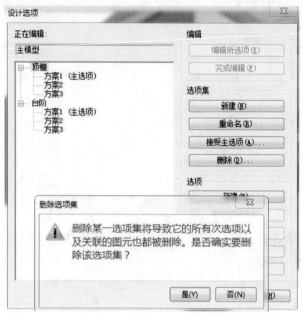

图 17.7

17.2 工程阶段

阶段表示项目周期的不同时间段，Revit Architecture 提供视图和建模构件的阶段表示。开始新项目时，在默认情况下会定义两个阶段，即现有阶段、新构造阶段。

每一模型构件都有两个阶段属性：创建阶段和拆除阶段。通过确定对象创建的阶段和可能拆除的阶段，可以定义项目如何出现于不同工作阶段中。

17.2.1 创建阶段

①单击"管理"选项卡下"阶段化"面板中的"阶段"按钮，在弹出的"阶段化"对话框中选择"阶段"选项卡，可以新建、合并阶段，单击阶段名称可以重命名阶段，如图 17.8 所示。

②切换到"阶段过滤器"选项卡：设置新建、现有、已拆除、临时等各阶段的显示状况，如图 17.9 所示。

图 17.8

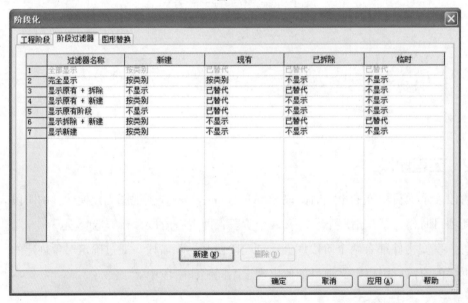

图 17.9

③切换到"图形替换"选项卡：定义新建、临时、拆除和现有的图元的外观，如图 17.10 所示。

④在项目中，开始绘制前在"属性"选项板对其进行阶段化的设置，如图 17.11 所示。

⑤设置后项目中的显示情况如图 17.12 所示。

【注意】

也可对独立图元进行阶段化设置，方法是选中图元在其"属性"选项板下进行阶段化设置。

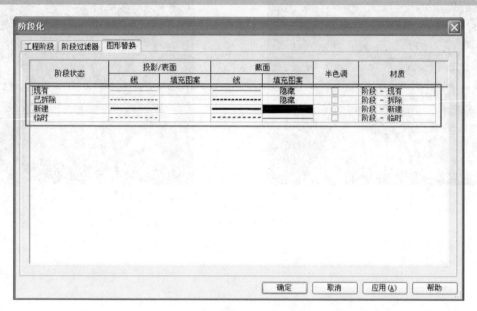

图 17.10

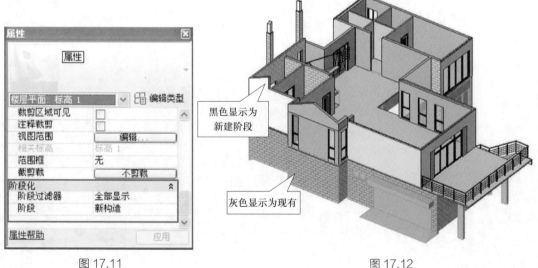

图 17.11　　　　　　　　　　　　　　　　　　图 17.12

17.2.2　拆除

拆除一个构件后，其外观将会根据阶段过滤器中的设置改变。例如，如果在视图中应用"显示拆除 + 新建"过滤器，则视图中已拆除的构件将会以蓝色虚线显示。使用"拆除锤"单击此视图中的一个构件后，此构件将会以蓝色虚线显示。如果在阶段过滤器中关闭拆除构件的显示，则单击构件时它们将会消失。

①单击"修改"选项卡下"几何图形"面板中的"拆除"按钮，拆除工具被激活且光标将变为一个"锤子"。

②单击视图中要拆除的图元，完成后按【Esc】键以退出编辑器，如图 17.13 所示。

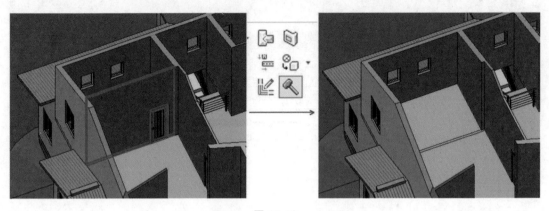

图 17.13

第18章　工作集、链接文件和共享坐标

18.1　使用工作集协同设计

对于许多建筑项目，建筑师都会进行团队协作，且每个人都会被指定一个特定功能区。这就会出现在同一时间要处理和保存项目的不同部分。Revit Architecture 项目可以细分为工作集。

工作集即为每次可由一位项目成员编辑的建筑图元的集合，所有其他工作组成员可以查看此工作集中的图元，但禁止修改此工作集，这样可防止在项目中可能发生的冲突。因此，工作集的功能类似于 AutoCAD 的外部参照（xref）功能，但具有附加的传播和协调设计者之间的修改的功能。设置工作集时，应该考虑以下注意事项。

①项目大小：建筑物的大小可能会影响决定为工作组划分工作集的方式。

②工作组大小：应当每人至少有 1 个工作集。根据经验可知，为每个工作组成员分配的最佳工作集数量是 4 个。

③工作组成员角色：设计者以工作组形式协同工作，每个人被指定特定的功能任务。

④默认的工作集可见性：共享项目后，"视图可见性/图形"对话框上显示了"工作集"选项卡，在此选项卡中可以对每个视图控制工作集可见性。

18.1.1　启用和设置工作集

项目发展到一定程度后，即可由项目经理启用工作集。

> 【警告】
>
> 启用工作集时，应注意备份原始文件，一旦启用就不能再回到没有启用时的状态，具有"不可逆性"。

1）创建工作集

①单击"协作"选项卡下"工作集"面板中的"工作集"按钮，会弹出"工作共享"对话框，如图 18.1 所示；在对话框中输入默认工作集名称，单击"确定"按钮启动工作集。

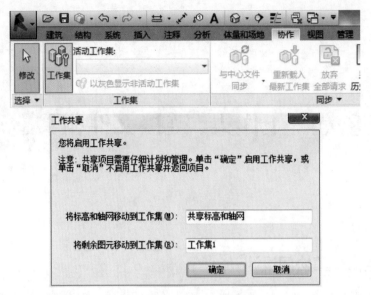

图 18.1

【注意】

所有工作集都处于打开状态，且可由您进行编辑。

②单击"新建"按钮，输入新工作集名称，勾选或取消勾选"在所有视图中可见"下方的复选框，设置工作集的默认可见性和打开 / 关闭链接模型。选择工作集，可"重命名"或"删除"。

③创建完所有工作集后，单击"确定"按钮，如图 18.2 所示。

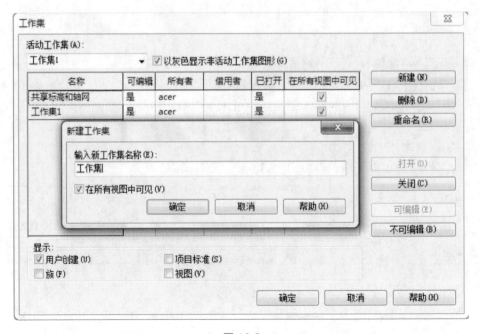

图 18.2

2）细分工作集

①在视图中选择相应的图元，单击"属性"选项板下的"标识数据"一栏，在"工作集"对应参数下拉列表中，选择对应的工作集名称，将图元分配给该工作集，如图 18.3 所示。

②启用工作集后，在视图可见性对话框中选择"工作集"选项卡，可以设置工作集的可见与否，如图 18.4 所示。

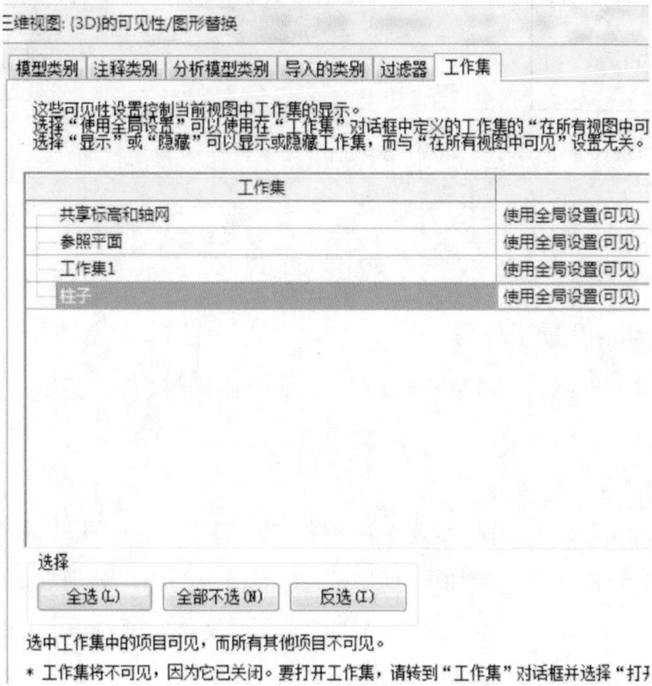

图 18.3

图 18.4

3）创建中心文件

在启用工作集后第一次保存项目时，将自动创建中心文件。在应用程序菜单中选择"文件"→"另存为"命令，设置保存路径和文件名称，单击"保存"按钮创建中心文件。

【提示】

应确保将文件保存到所有工作组成员都可以访问的网络驱动器上。

4）签入工作集

创建中心文件以后，项目经理必须放弃工作集的可编辑性，以便其他用户可以访问所需的工作集。

单击"协作"选项卡下"工作集"面板中的"工作集"按钮，按【Ctrl + A】组合键选择所有，勾选显示选项区域的"用户创建"复选框，在对话框的右侧单击"不可编辑"按钮，确定释放编辑权，如图 18.5 所示。

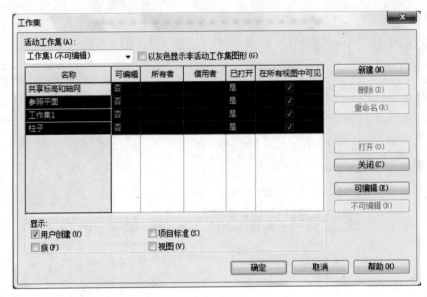

图 18.5

18.1.2　启用和设置工作集

项目经理启用工作集后，项目小组成员即可复制本地文件，签出各自负责工作集的编辑权限即可进行设计。

1）创建本地文件

①项目小组成员：在应用程序菜单中选择"文件"→"打开"命令，通过网络路径选择项目中心文件并打开，注意如果"选项"对话框中的用户名与之前设置的不同，如图 18.6 所示，在"打开"对话框中注意勾选"新建本地文件"复选框，如图 18.7 所示。

图 18.6

图 18.7

②在应用程序菜单中选择"文件"→"另存为"命令，在弹出的"另存为"对话框中单击"选项"按钮；在弹出的"文件保存选项"对话框中确保取消勾选"保存后将此作为中心文件"复选框，单击"确定"按钮，如图 18.8 所示。

③设置本地文件名后单击"保存"按钮。

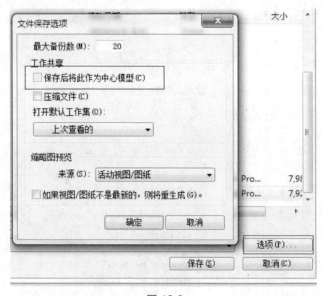

图 18.8

2）签出工作集

①单击"协作"选项卡下"工作集"面板中的"工作集"按钮，选择要编辑的工作集名称，单击"可编辑"按钮获取编辑权，用户将显示在工作集的"所有者"一栏。

②选择不需要的工作集名称，单击"关闭"按钮，隐藏工作集的显示，提高系统的性能，如图 18.9 所示。

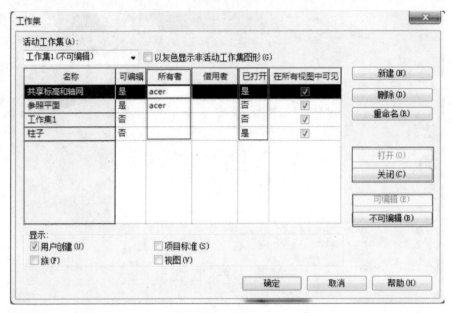

图 18.9

③在"协作"选项卡下"工作集"面板中"工作集"
后的"活动工作集"下拉列表中，选择即将编辑的工作
集名称，设为活动工作集，之后所添加的所有新图元将
自动指定给活动工作集，如图 18.10 所示。

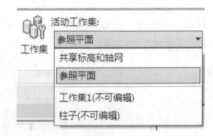

图 18.10

3）保存修改

①单击"应用程序"按钮，在弹出的下拉菜单中
选择"文件"→"保存"命令，
或直接单击"保存"按钮保存到
本地硬盘。

②要与中心文件同步，可在"协
作"选项卡下"同步"面板中的"与
中心文件同步"下拉列表中选择"立
即同步"选项。

③若要在与中心文件同步之
前，修改"与中心文件同步"设置，
可在"协作"选项卡下"同步"面
板中的"与中心文件同步"下拉列
表中选择"同步并修改设置"命令。
此时，将弹出"与中心文件同步"
对话框，如图 18.11 所示。

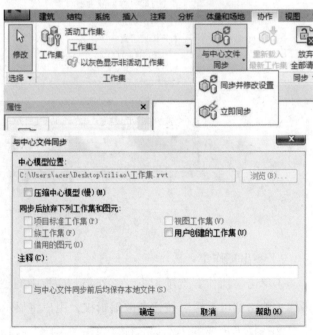

图 18.11

4）签入工作集

单击"协作"选项卡下"工作集"面板中的"工作集"按钮，选择自己的工作集；在对话框的右侧单击"不可编辑"按钮，确定释放编辑权。

18.1.3　与多个用户协同设计

1）重新载入最新工作集

①项目小组成员间协同设计时，如果要查看他人的设计修改，只需要单击"协作"选项卡下"同步"面板中的"重新载入最新工作集"按钮即可，如图 18.12 所示。

图 18.12

②建议项目小组成员每隔 1~2 h 将工作保存到中心一次，以便于项目小组成员间及时交流设计内容。

2）图元借用

①默认情况下，没有签出编辑权的工作集的图元只能查看，不能选择和编辑。如果需要编辑这些图元，可在选项栏上取消勾选"仅可编辑项"复选框。选择图元出现"使图元可编辑"符号，提示用户它属于用户不拥有的工作集，如图 18.13 所示。

图 18.13

②如果该图元没有被别的小组成员签出：单击鼠标右键，在弹出的快捷菜单中选择"使图元可编辑"命令，则 Revit Architecture 会批准请求，可以编辑修改该图元。

③如果该图元已经被别的小组成员签出：单击鼠标右键，在弹出的快捷菜单中选择"使图元可编辑"命令，将显示错误，通知用户必须从该图元所有者处获得编辑权限。单击"放置请求"按钮向所有者请求编辑权限；提交请求后，将弹出"编辑请求已放置"对话框，如图 18.14 所示。但所有者不会收到用户请求的自动通知，用户必须联系所有者。

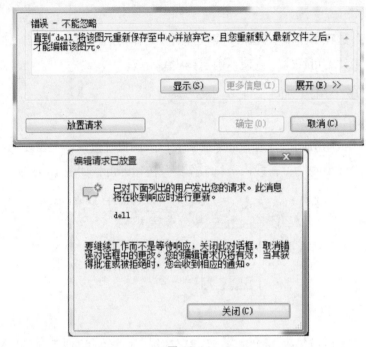

图 18.14

④"dell"接到用户的通知后：单击弹出的"已收到编辑请求"对话框中的"批准"按钮赋予用户编辑权，如图 18.15 所示。

⑤若"dell"已经同意授权，此时软件将自动显示一条消息，提示用户的编辑请求已被授权，可以编辑修改该图元，借用前后图元的属性变化，如图 18.16 所示。

⑥单击"同步"面板下的"与中心文件同步"按钮，在弹出的对话框中勾选"借用的图元"复选框，确定后保存到中心文件，并返还借用的图元，如图 18.17 所示。

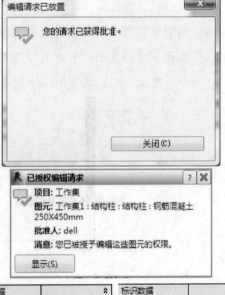

图 18.15

标识数据	⊗
注释	
标记	
工作集	工作集1
编辑者	dell

标识数据	⊗
注释	
标记	
工作集	工作集1
编辑者	acer

图 18.16

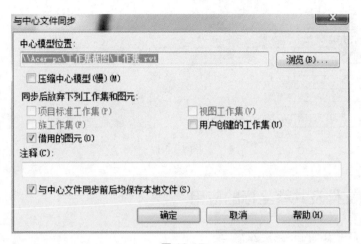

图 18.17

18.1.4　管理工作集

1）工作集备份

当保存共享项目时，Revit Architecture 会创建文件备份目录。例如，如果共享文件名为 brickhouse.rvt，Revit Architecture 将创建名为 brickhouse_backup 的目录。在此目录中可以保存每次创建的备份。如果需要，可以让项目返回到以前某个版本的状态中。

①单击"协作"选项卡下"同步"面板中的"恢复备份"按钮，选择要恢复的版本，然后单击"打开"按钮。

②单击"返回到"按钮，可以返回到以前某版本状态。

【注意】
不能删除"工作集1""项目标准""族"或"视图"工作集。

【警告】
不能撤销返回，并且所选版本之后的所有备份版本都会丢失。在继续之前应确定是否想返回项目，并且在必要情况下保存较新的版本。

2）工作集修改历史记录

①单击"协作"选项卡下"同步"面板中的"显示历史记录"按钮，选择启用工作集的文件，单击"打开"按钮。列出共享文件中的全部工作集修改信息，包括修改时间、修改者和注释。

②单击"导出"按钮，将表格导出为分隔符文本，并读入电子表格程序，如图18.18所示。

图 18.18

18.2　链接文件及共享坐标的应用

18.2.1　项目文件的链接及管理

1）文件的导入

单击"插入"选项卡下"链接"面板中的"链接 Revit"按钮，选择需要链接的 RVT 文件，在"导入 / 链接 RVT"对话框中有关于"定位"的如下选项：

①"定位"选择"自动 - 中心到中心"时会按照在当前视图中链接文件的中心与当前文件的中心对齐，如图 18.19 所示。

②选择"定位"-"自动 - 原点到原点"时，会将链接文件的原点与当前文件的原点对齐。

③选择"定位"-"自动 - 通过共享坐标"时，如果链接文件与当前文件没有进行坐标共享的设置，该选项会无效；系统会以"中心到中心"的方式来自动放置链接文件。

【注意】

为了绘图的方便，最好将链接文件调整好各视图的显示状态后再插入。

图 18.19

2）管理链接

导入链接文件后，可以单击"插入"选项卡下"链接"面板中的"管理链接"按钮，弹出"管理链接"对话框，然后选择"Revit"选项卡进行设置，如图 18.20 所示。在管理链接可见性设置中分别可以按照主体模型控制链接模型的可见性，可以将视图过滤器应用于主体模型中的链接模型，也可以标记链接文件中的图元。但房间、空间和面积除外，可以从链接模型中的墙自动生成天花板网格。

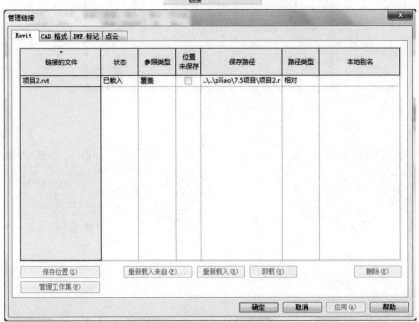

图 18.20

①"参照类型"的设置：在该栏的下拉选项中有"覆盖"和"附着"两个选项。

【注意】

打开"参照类型"设置的方法，还可以通过选择链接文件的属性面板，在类型属性下"其他"栏的"类型参照"中选择"覆盖"和"附着"两个选项，如图 18.21 所示。

②选择"覆盖"不载入嵌套链接模型（因此项目中不显示这些模型）；选择"附着"则显示嵌套链接模型。

a. 如图 18.22（a）所示，显示项目 A 被链接到项目 B 中。因此，项目 B 是项目 A 的父模型。项目 A 的"参照类型"被设置为"在父模型（项目 B）中覆盖"，因此将项目 B 导入项目 C 中时，将不显示项目 A。

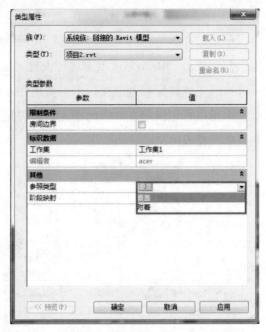

图 18.21

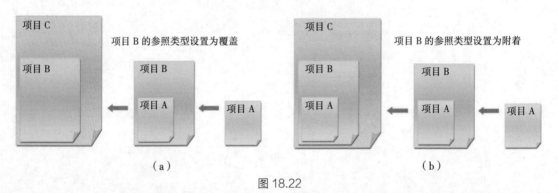

图 18.22

　　b. 如图 18.22（b）所示，如果将项目 A（位于其父模型项目 B 中）的"参照类型"设置修改为"附着"，则当用户将项目 B 导入到项目 C 中时，嵌套链接（项目 A）将会显示。

　　③链接文件被载入后，单击"插入"选项卡下"链接"面板上的"管理链接"按钮，在弹出的对话框中选择"Revit"选项卡会发现载入的链接文件存在，选择载入的文件时会在窗口下方出现以下命令，如图 18.23 所示。

　　●"重新载入来自"：用来对选中的链接文件进行重新选择来替换当前链接的文件。

　　●"重新载入"：用来重新从当前文件位置载入选中的链接文件以重现被链接卸载了的文件。

　　●"卸载"：用来删除所有链接文件在当前项目文件中的实例，但保存其位置信息。

　　●"删除"：在删除了链接文件在当前项目文件中的实例的同时，也从"链接管理"对话框的文件列表中删除选中的文件。

　　●管理工作集：用以在链接模型中打开和关闭工作集。

图 18.23

3）绑定

在视图中选中链接文件的实例，并单击"链接"面板中出现的"绑定链接"按钮，可以将链接文件中的对象以"组"的形式放置到当前的项目文件中。

在绑定时会出现"绑定链接选项"对话框，供用户选择需要绑定的除模型元素之外的元素，如图 18.24 所示。

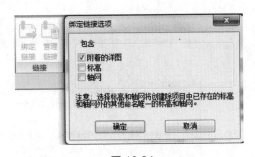

图 18.24

4）修改各视图显示

在"视图"选项卡下单击"可见性 / 图形替换"按钮，在弹出的"可见性 / 图形替换"对话框中选择"Revit 链接"选项卡，选择要修改的链接模型或链接模型实例；单击"显示设置"列中的按钮，在弹出的"RVT 链接显示设置"对话框中进行相应设置，如图 18.25 所示。

①"按主体视图"：选择此单选按钮后，嵌套链接模型会使用在主体视图中指定的可见性和图形替换设置。

②"按链接视图"：选择此单选按钮后，嵌套链接模型会使用在父链接模型中指定的可见性和图形替换设置。用户也可以选择要为链接模型显示的项目视图。

③"自定义"：从"嵌套链接"列表中选择下列选项。

a."按父链接"即父链接的设置控制嵌套链接。例如，若父链接中的墙显示为蓝色，则嵌套链接中的墙也会显示为蓝色。

（a）

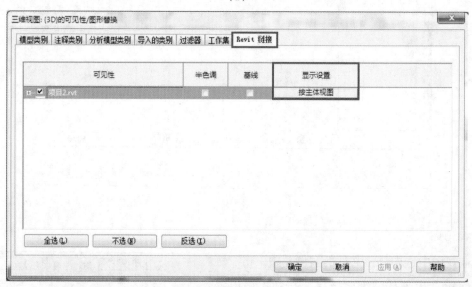

（b）

（c）

图 18.25

【注意】

按父链接仅能控制既存在于嵌套链接中，也存在于父链接中的类别。

b.选择"基本"选项卡，在"模型类别"后选择"自定义"即可激活视图中的模型类别，此时可以控制链接模型在主模型中的显示情况，关闭或打开链接文件中的模型。同理，"注释类别"与"导入类别"也可以按以上方法进行处理显示，如图 18.26 所示。

（a）

（b）

图 18.26

【注意】

立面、剖面等视图均用此方法来处理其显示情况，立面需要关闭链接文件的标高、参照平面等构件的显示。

5）使用项目中的点云文件

放置或编辑模型图元时，将点云文件链接到项目可提供参照。

在涉及现有建筑的项目中，需要捕获某一栋建筑的现有情况，这通常是一个重要的项目任务。可使用激光扫描仪对现有物理物体（如建筑）表面进行点采样，然后将该数据作为点云保存。此特定激光扫描仪生成的数据量通常很大（几亿个到几十亿个点），因此Revit 模型将点云作为参照链接，而不是嵌入文件。为提高效率和改进性能，在任何给定时间内，Revit 仅使用点的有限子集进行显示和选择。Revit 可以链接多个点云，可以创建每个链接的多个实例。

（1）点云

①行为通常与 Revit 内的模型对象类似。

②显示在各种建模视图中，如三维视图、平面视图和剖面视图。

③可以选择、移动、旋转、复制、删除、镜像等。

④按平面、剖面和剖面框剪切，使用户可以轻松地隔离云的剖面。

（2）控制可见性

在"可见性 / 图形替换"对话框的"导入的类别"选项卡上，以及以每个图元为基础控制点云的可见性。可以打开或关闭点云的可见性，但无法更改图形设置，如线、填充图案或半色调。

（3）创建几何图形

捕捉功能简化了基于点云数据的模型创建。Revit 中的几何图形创建或修改工具（如墙、线、网格、旋转、移动等），可以捕捉到在点云中动态检测到的隐含平面表面。Revit 仅检测垂直于当前工作平面（在平面视图、剖面视图或三维视图中）的平面并仅位于光标附近。但在检测到工作平面后，该工作平面便用作全局参照，直到视图放大或缩小为止。

（4）管理链接的点云

"管理链接"对话框包含"点云"选项卡，该选项卡列出所有点云链接（类型）的状态，并提供与其他种类链接相似的标准"重新载入 / 卸载 / 删除"功能。

（5）在工作共享环境中使用点云

为了提高性能和降低网络流量，对需要使用相同点云文件的用户的建议工作流是将文件复制到本地。只要每位用户的点云文件本地副本的相对路径相同，则当与"中心"同步时链接将保持有效。相对路径在"管理链接"对话框中显示为"保存路径"，并与在"选项"对话框的"文件位置"选项卡上指定的"点云根路径"相对。

将带索引的点云文件插入到 Revit 项目中，或将原始格式的点云文件转换为 .pcg 索引的格式。

6）插入点云文件

①打开 Revit 项目。

②单击"插入"选项卡下"链接"面板中的点云按钮⊕。

③指定要链接的文件，对于"查找范围"，定位到文件位置；对于"文件类型"，选择下列选项之一：

a.Autodesk 带索引的点云：拾取扩展名为 .pcg 的文件。

b. 原始格式：拾取扩展名为 .fls、.fws、.las、.ptg、.pts、.xyb 或 .xyz 的文件以自动启动索引应用程序，该程序会将原始文件转换为 .pcg 格式。

【注意】

创建索引文件之后，必须再次使用点云工具插入文件。

c. 所有文件：拾取任意扩展名的文件。

对于"文件名"，选择文件或指定文件的名称。

④对于"定位"，选择下列选项。

● 自动 - 中心到中心：Revit 将点云的中心放置在模型中心。模型的中心是通过查找模型周围的边界框的中心来计算的。如果模型的大部分都不可见，则在当前视图中可能看不到此中心点。要使中心点在当前视图中可见，可将缩放设置为"缩放匹配"。这会将视图居中放置在 Revit 模型上。

● 自动 - 原点到原点：Revit 会将点云的世界原点放置在 Revit 项目的内部原点处。如果所绘制的点云距原点较远，则它可能会显示在距模型较远的位置。要对此进行测试，可将缩放设置为"缩放匹配"。

● 自动 - 原点到最后放置：Revit 将以一致的方式放置前后分别导入的点云。选择此选项可帮助对齐在同一场地创建且坐标一致的多个点云。

⑤单击"打开"按钮。对 .pcg 格式的文件，Revit 会检索当前版本的点云文件，并将文件链接到项目。

⑥对于原始格式的文件，可执行以下操作：

●单击"是"按钮，使 Revit 创建索引（.pcg）文件。

●索引建立过程完成时，单击"关闭"按钮。

●再次使用点云工具插入新的索引文件。

除绘图视图和明细表视图外，云在所有视图中都可见。

7）案例

导入进来的链接文件应用"按链接视图"，并对链接过来的平面和立面进行调整。具体步骤如下：

①单击"插入"选项卡下"链接"面板中的"链接 Revit"按钮，选择需要链接的 RVT 文件。

②在"属性"栏中单击"可见性／图形"后的"编辑"按钮，也可通过单击"视图"选项卡下"图形"面板中的"可见性／图形"按钮进行编辑，如图 18.27 所示。

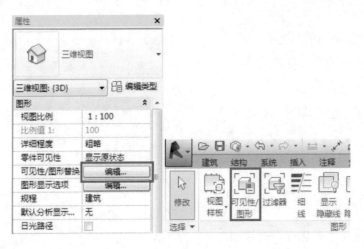

图 18.27

③选择"Revit 链接"选项卡，单击"按主体视图"按钮。选择"按链接视图"单选按钮，在"链接视图"下拉列表中选择对应的视图名称，单击"确定"按钮完成设置，如图 18.28 所示。

④平面处理结果如图 18.29 所示。

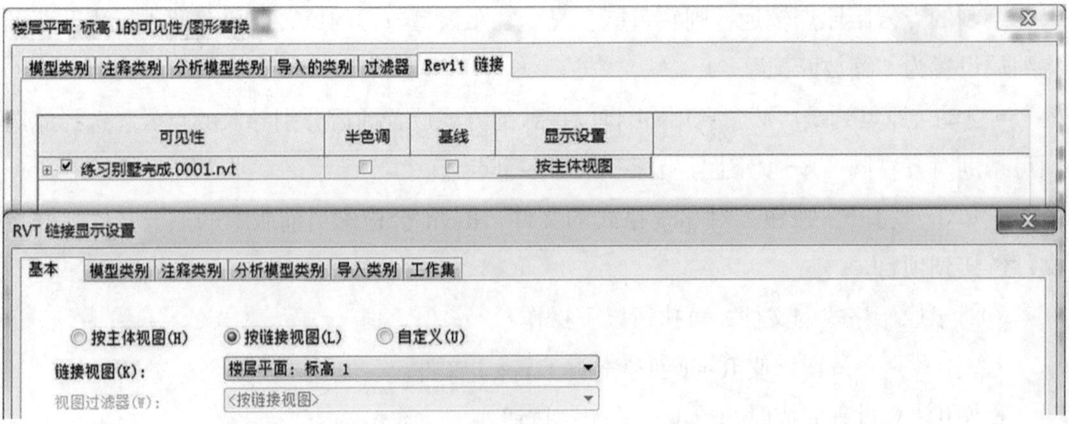

图 18.28

⑤立面的处理方法与平面相同。需要注意的是，在"链接视图"下拉列表中一定要选择对应的立面视图，如图 18.30 所示。立面处理结果如图 18.31 所示。

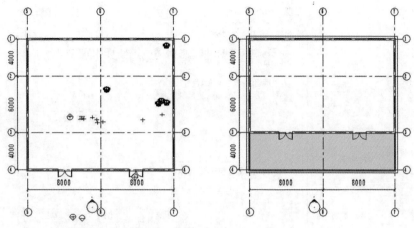

图 18.29

图 18.30

图 18.31

18.2.2 共享坐标的应用及管理

1）发布坐标

使用"发布坐标"命令，能够按照当前项目文件中的坐标系重新为链接的项目文件实例定义共享坐标。

①单击"管理"选项卡下"项目位置"面板中"坐标"下拉列表中的"发布坐标"按钮，单击选中链接项目文件的实例将当前坐标发布给链接文件，并为新的坐标位置提供名称为"内部"的命名，如图 18.32 所示。

【注意】
名称可以更换成用户需要的名字。

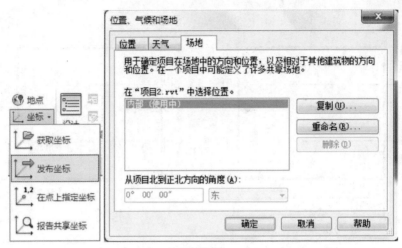

图 18.32

②选择位置选项，可以通过 Internet 网络定义项目的具体位置，也可以默认城市列表，手工输入项目位置，如图 18.33 所示。

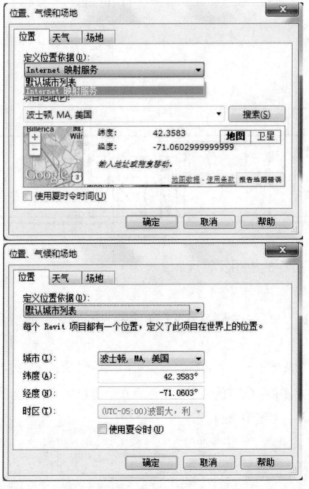

图 18.33

③发布坐标后，在链接文件的"属性"对话框中，从其实例参数中"共享场地"的值可以看出该实例的坐标位置位于名为"内部"的坐标位置，如图 18.34 所示。

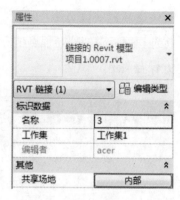

图 18.34

【提示】
一个链接文件的共享坐标位置可以有多个，并以不同的位置名称来命名保存。

④发布坐标后，由于链接文件的共享坐标被更新，因此这时打开"管理链接"对话框，该链接文件的"位置未保存"复选框会被勾选，如图 18.35 所示。

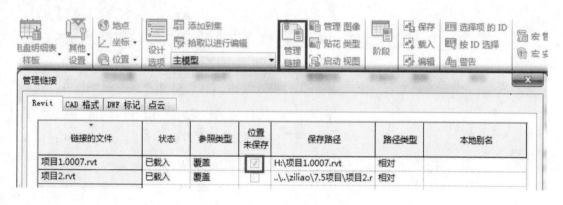

图 18.35

2）对发布坐标的实例操作及观察

①新建项目文件"a.rvt"中，绘制一些用于示意的模型（如墙体），打开平面视图；在平面视图的"实例属性"对话框，设置其中的实例参数"方向"的值为"正北"，并在"管理"选项卡下"项目位置"面板中的"位置"下拉列表中选择"旋转正北"选项来旋转该视图的方向到新的正北方向，得到的平面视图，如图 18.36 所示，保存关闭。

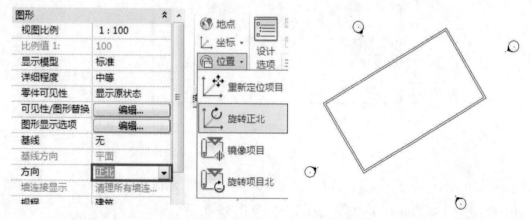

图 18.36

②新建项目文件"b.rvt"，绘制一些用于示意的模型，使用"注释"选项卡下"尺寸标注"面板中的"高程点坐标"作为示意模型上的一个点标注平面坐标，如图 18.37 所示，并保存关闭。

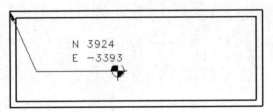

图 18.37

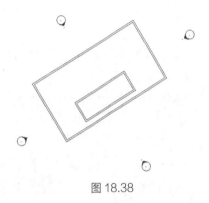

图 18.38

③使用"中心到中心"的放置方式将"b.rvt"链接到"a.rvt"中来，此时"b.rvt"链接会自动适应"a.rvt"中的坐标，但仍需使用上述方法，用"发布坐标命令"将坐标指定给"b.rvt"，如图 18.38 所示。

④打开"管理链接"对话框，选择"Revit"选项卡，在链接文件列表中选中"b.rvt"文件名，单击"保存位置"按钮来保存文件"b.rvt"。此时，"b.rvt"的坐标将被更新，如图18.39所示。

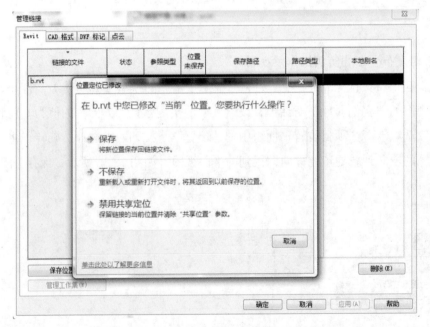

图 18.39

⑤关闭文件"a.rvt"，重新打开文件"b.rvt"，可以看到保存了位置的"b.rvt"文件中预先标注的平面坐标的数值已发生了变化，如图 18.40 所示。

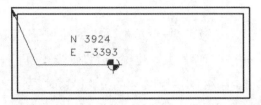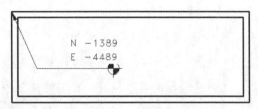

图 18.40

3）获取坐标

"获取坐标"会按照链接的项目文件实例中的坐标位置，重新为当前的项目文件定义共享坐标。

①在"管理"选项卡下"项目位置"面板中的"坐标"下拉列表中选择"获取坐标"选项，并选中链接项目文件的实例，按照其坐标位置重新为当前项目文件建立共享坐标。

【警告】
如果链接的项目文件中的共享坐标位置有多个，则不能从该链接文件中获取坐标。

②获取坐标后，链接文件实例的"属性"对话框中的实例参数中"共享场地"的值会由"未共享"改变为"内部"，如图 18.41 所示。

③获取坐标后，链接文件实例的坐标位置并不发生改变，因此这时打开"管理链接"对话框，该链接文件的"位置未保存"复选框不会被勾选，如图 18.42 所示。

图 18.41

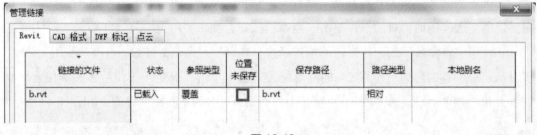

图 18.42

【总结】
发布坐标是把当前文件的坐标指定给链接文件，使链接文件和当前文件在同一个坐标系统内；获取坐标是将当前文件的坐标指定为链接文件的坐标，使当前文件的坐标系统和链接文件的坐标系统相同。

4）多坐标管理

同一个链接文件在主文件当中可以为其设置并保存多个共享位置。在上一个例子中完成了"获取坐标"操作后的基础上来为文件"b.rvt"设置多个共享位置，其设置步骤如下：

①修改当前的共享位置：在平面视图中移动链接文件实例到需要的位置，这时系统会弹出"警告"对话框，如图18.43所示。单击"现在保存"或"确定"按钮均可，此处单击的是"确定"按钮。

图 18.43

②选中链接文件实例并打开其"属性"对话框，单击"共享场地"后面的"内部"按钮，弹出"选择场地"对话框；单击"修改"按钮，弹出"位置、气候和场地"对话框。

③使用"重命名"按钮将当前的位置名称"内部"重命名为"位置1"，使用"复制"按钮新建一个新的名为"位置2"的共享位置，依次单击"确定"按钮后"共享位置"参数值会变成"位置2"。单击"确定"按钮退出对话框，回到平面视图界面，如图18.44所示。

【提示】

此时，链接文件实例的位置处在"位置2"上，且"位置2"与"位置1"的位置目前是一致的。

④在平面视图中，移动链接文件实例到新的位置上作为"位置2"对应的共享位置。

⑤保存当前文件，在保存时系统会自动弹出"位置定位已修改"对话框，单击"保存"按钮，系统将同时保存链接文件"b.rvt"和当前文件"a.rvt"。

【提示】

使用同样的方法来为链接文件复制更多的共享位置，并注意以下操作顺序：新建一个共享位置时应该先复制一个新的位置名称，并设置为当前的位置，然后按照要求来移动链接文件的实例到该位置名称所对应的空间位置。

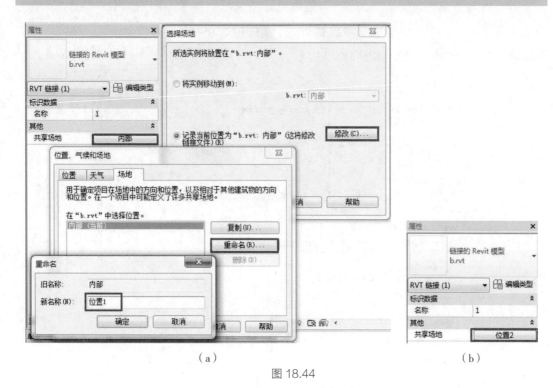

（a）   （b）

图 18.44

5）共享坐标的实际应用

在场地中确定 4 个布置别墅的位置，在设计中需要从这 4 个位置中选择 3 个位置来最终放置 3 栋别墅，可以使用共享坐标中的有关功能来完成设计及推敲工作。其步骤如下：

①新建一个场地的项目文件，绘制好道路等场地条件。

②将链接文件的实例放置到第一个位置后，使用

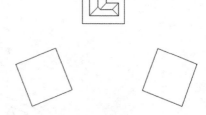

图 18.45

"发布坐标"工具将当前场地项目文件的坐标系发布给别墅单体文件，并将当前的共享位置命名为"位置 1"，如图 18.45 所示。

③将当前的链接文件的实例复制一个副本，并移动、旋转或镜像到第二个位置。

【提示】

副本的"共享位置"参数会自动设置为"未共享"。

④通过单击副本的"属性"对话框中"共享场地"参数后的"未共享"按钮，弹出"选择场地"对话框。单击"修改"按钮，弹出"位置、气候和场地"对话框，单击"复制"按钮为副本复制一个新的共享位置并命名为"位置2"。

⑤同样，复制第2个副本并添加一个新的共享位置并命名为"位置3"，如图18.46所示。

⑥在推敲方案中，需将"位置1"的别墅移动到新的位置：首先选中"位置1"上的链接文件实例，为"共享场地"参数复制一个新的位置并命名为"位置4"；然后将实例移动并旋转到新的位置上，如图18.47所示。

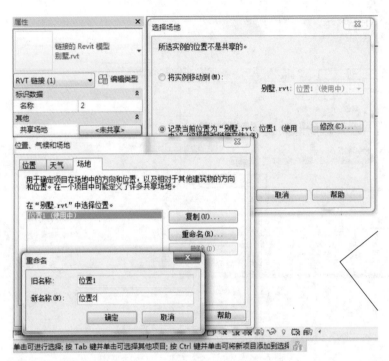

图 18.46

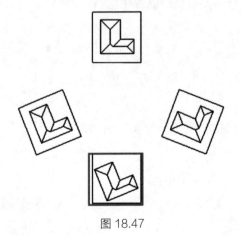

图 18.47

⑦当确定 4 种别墅可能放置的位置后，保存场地文件，并从弹出的对话框中选择保存修改了共享坐标的别墅单体文件。

⑧调整别墅位置，保留一栋别墅，删除其他别墅，将"位置 3"的别墅放置到"位置 1"上。选中"位置 3"上的实例，在其"属性"对话框中单击"共享场地"后的"位置 3"按钮，弹出"选择场地"对话框，选择"将实例移动到"单选按钮，并在后面的下拉列表中选择"位置 1"选项，确定后，位置 3 上的别墅会自动放置到位置 1 上。

【提示】

在从下拉列表中选择位置时，不能选择已经被其他实例使用中的选项。由图 18.48 可以看到，被其他使用了的位置，系统会给予提示。

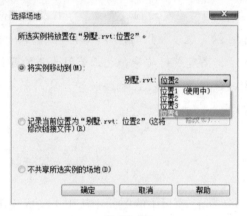

图 18.48

⑨通过上述方法，可以不断地从 4 个位置中选择 3 个最满意的位置。如果有一个新的位置方案，则在移动实例前应先复制一个共享位置，然后就可以在 5 个位置中选择 3 个最满意的位置。

第 19 章　族

族，是 Revit 软件中一个非常重要的构成要素。掌握族的概念和用法至关重要。正是因为族的概念的引入，才可以实现参数化的设计。例如，在 Revit 中可以通过修改参数，从而实现修改门窗族的宽度、高度或材质等。也正是因为族的开放性和灵活性，设计时可以自由定制符合设计需求的注释符号和三维构件族等，从而满足中国建筑师应用 Revit 软件的本地化标准定制的需求。

19.1　族的概述

所有添加到 Revit Architecture 项目中的图元（从用于构成建筑模型的结构构件、墙、屋顶、窗和门到用于记录该模型的详图索引、装置、标记和详图构件）都是使用族创建的。

通过使用预定义的族和在 Revit Architecture 中创建新族，可以将标准图元和自定义图元添加到建筑模型中。通过族，还可以对用法和行为类似的图元进行某种级别的控制，以便用户轻松地修改设计和更高效地管理项目。

族是一个包含通用属性（称为参数）集和相关图形表示的图元组。属于一个族的不同图元的部分或全部参数可能有不同的值，但其参数（其名称与含义）的集合是相同的。族中的这些变体称为族类型或类型。

例如，家具族包含可用于创建不同家具（如桌子、椅子和橱柜）的族和族类型。尽管这些族具有不同的用途并由不同的材质构成，但它们的用法却是相关的。族中的每一类型都具有相关的图形表示和一组相同的参数，称为族类型参数。

19.2　族的分类

19.2.1　内建族

1）内建族的应用范围

内建族的应用范围主要有以下几种：

●斜面墙或锥形墙。

●独特或不常见的几何图形，如非标准屋顶。

●不需要重复利用的自定义构件。

●必须参照项目中的其他几何图形的几何图形。

●不需要多个族类型的族。

2）内建族的创建

【注意】

仅在必要时使用内建族。如果项目中有许多内建族，将会增加项目文件的大小并降低系统的性能。

①创建内建族，在"建筑"选项卡下"构建"面板中的"构件"下拉列表中选择"内建模型"选项，在弹出的对话框中选择族类别为"屋顶"，输入名称，进入创建族模式。

【注意】

设置类别的重要性。只有设置"族类别"，才会使它拥有该类族的特性。在该案例中，设置"族类别"为屋顶才能使它拥有让墙体"附着／分离"的特性等。

②通过设置工作平面进入到西立面视图，绘制 4 条参照平面，如图 19.1 所示。

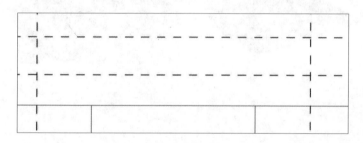

图 19.1

【注意】

一般情况，需要在立面上绘制拉伸轮廓时，首先在标高视图上通过"设置工作平面"命令来拾取一个面进入立面视图中绘制。此情况可以在标高视图中绘制一条参照平面作为设置工作平面时需要拾取的面。

③单击"创建"选项卡下"形状"面板上的"拉伸""融合""旋转""放样""放样融合"和"空心形状"等建模工具为族创建三维实体和洞口。此案例使用"拉伸"工具创建屋顶形状，如图 19.2 所示。

④单击"拉伸"按钮，选择"拾取一个平面"，转到试图"立面：北"绘制屋顶形状，

图 19.2

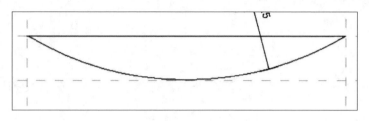

图 19.3

完成拉伸，如图 19.3 所示。

　　⑤进入 3D 视图，通过拖曳修改屋顶长度，如图 19.4（a）所示。单击"在位编辑"，选择"创建"选项卡下"形状"面板中的"空心形状"选项卡中的"空心拉伸"命令，绘制洞口，完成空心形状，点击完成。单击几何图形中的"剪切"选项卡中"剪切几何图形"为屋顶开洞，完成效果如图 19.4（b）所示。

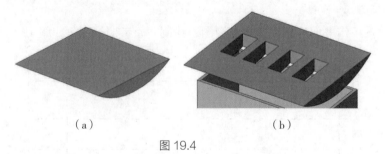

（a）　　　　　　　　　　（b）

图 19.4

图 19.5

　　⑥为几何图形指定材质，设置其可见性 / 图形替换。在模型编辑状态下单击选择屋顶，在"属性"面板上设置其材质及可见性，如图 19.5 所示。

【注意】

在"属性"面板中直接选择材质时，在完成模型后材质不能在项目中做调整；如果需要材质能在项目中做调整，则单击材质栏后的矩形按钮添加"材质参数"，如图 19.6 所示。

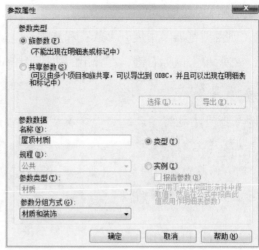

图 19.6

3）内建族的编辑

（1）复制内建族

展开包含要复制的内建族的项目视图，选择内建族实例，或在项目浏览器的族类别和族下选择内建族类型。单击"修改"选项卡下"剪贴板"面板中的"复制 - 粘贴"按钮，单击视图放置内建族图元。

此时，粘贴的图元处于选中状态，以便根据需要对其进行修改。根据粘贴的图元的类型，可以使用"移动""旋转"和"镜像"工具对其进行修改。此外，还可以使用选项栏上的选项，如图 19.7 所示。

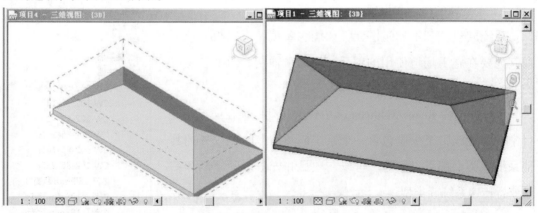

图 19.7

【注意】

如果放置某个内建族的多个副本，则会增加项目的文件大小。处理项目时，多个副本会降低软件的性能，具体取决于内建族的大小和复杂性。

如果要复制的内建族是在参照平面上创建的，则必须选择并复制带内建族实例的参照平面，或将内建族作为组保存并将其载入项目中。

（2）删除内建族

在"项目浏览器"中展开"族"和族类别，选择内建族的族类型或在项目中选择内建族图元。然后单击鼠标右键，在弹出的快捷菜单中选择"删除"命令。

【注意】

如果要从项目浏览器中删除该内建族类型，但项目中具有该类型的实例，则会显示一个警告。在警告对话框中，单击"确定"按钮删除该类型的实例。如果单击"取消"按钮，则会修改该实例的类型并重新删除该类型。此时，该内建族图元已从项目中删除，并不再显示在"项目浏览器"中。

（3）查看项目中的内建族

可以使用"项目浏览器"查看项目中使用的所有内建族。展开"项目浏览器"的"族"，此时显示项目中所有族类别的列表。该列表中包含项目中可能包含的所有内建族、标准构建族和系统族。

【要点】

内建族将在"项目浏览器"的该类别下显示，并添加到该类别的明细表中，而且还可以在该类别中控制该内建族的可见性。

19.2.2　系统族

1）系统族的概念和设置

系统族包含基本建筑图元，如墙、屋顶、天花板、楼板及其他要在施工场地使用的图元。标高、轴网、图纸和视口类型的项目和系统设置也是系统族。

系统族已在 Revit Architecture 中预定义且保存在样板和项目中，系统族中至少应包含一个系统族类型，除此以外的其他系统族类型都可以删除。可以在项目和样板之间复制和粘贴或者传递系统族类型。

2）查看项目或样板中的系统族

使用"项目浏览器"来查看项目或样板中的系统族和系统族类型。在"项目浏览器"中，展开"族"和族类别，选择墙族类型。Revit Architecture 有 3 个墙系统族：基本墙、幕墙和叠层墙。展开"基本墙"，此时将显示可用基本墙的列表，如图 19.8 所示。

图 19.8

3）创建和修改系统族类型

（1）创建墙体类型

在"属性"选项卡中单击"编辑类型"按钮，弹出"类型属性"对话框，单击"复制"按钮，创建一个新的墙类型，如图 19.9 所示。

图 19.9

（2）创建墙材质

单击"管理"选项卡下"设置"面板中的"材质"按钮，弹出"材质"对话框，如图 19.10 所示。

图 19.10

在"材质"对话框的左侧窗格中，选择"隔热层/保温层－空心填充"，单击右键"复制"，在对话框中输入"隔1"作为名称，如图 19.11 所示。

图 19.11

在"材质"对话框的"图形"选项卡量的"着色"选项区域，单击颜色样例，指定材质颜色，单击"确定"按钮。

指定颜色后，创建表面填充图案并应用到材质，以便在将材质应用到自定义墙类型时能够产生木材效果。单击"表面填充图案"选项区域中的"填充样式"。在"填充图案类型"选项区域选择"模型"单选按钮，如图 19.12 所示。

单击"确定"按钮，完成材质的创建。

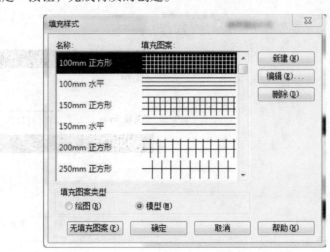

图 19.12

【注意】

模型图案表示建筑上某图元的实际外观，本示例为木材覆盖层。模型图案相对于模型是固定的，即随着模型比例的调整而调整比例。同理，创建截面填充图案并应用到材质。

（3）修改墙体构造

选择墙，在"属性"选项卡中单击"编辑类型"按钮，弹出"类型属性"对话框。单击类型参数中"构造"下的"结构 – 编辑"按钮，弹出"编辑部件"对话框，可以通过在"层"中插入构造层来修改墙体的结构，如图19.13所示。

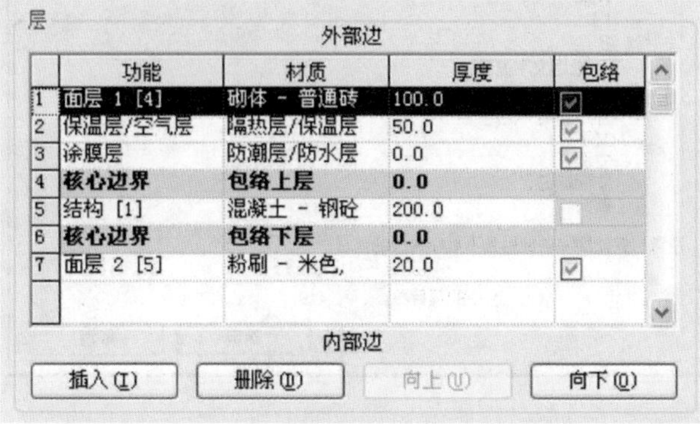

层		外部边		
	功能	材质	厚度	包络
1	面层 1 [4]	砌体 - 普通砖	100.0	☑
2	保温层/空气层	隔热层/保温层	50.0	☑
3	涂膜层	防潮层/防水层		☑
4	**核心边界**	**包络上层**	**0.0**	
5	结构 [1]	混凝土 - 钢砼	200.0	
6	**核心边界**	**包络下层**	**0.0**	
7	面层 2 [5]	粉刷 - 米色,	20.0	☑

内部边

| 插入 (I) | 删除 (D) | 向上 (U) | 向下 (O) |

图 19.13

4）删除项目中或样板文件的系统族

尽管不能从项目和样板中删除系统族，但可以删除未使用的系统族类型。要删除系统族类型，可以使用两种不同的方法。

①在"项目浏览器"中选择并删除该类型。展开"项目浏览器"中的"族"，选择包含要删除的类型的类别和族，单击鼠标右键，在弹出的快捷菜单中选择"删除"命令，或按【Delete】键，即可从项目或样板中删除该系统族类型。

【注意】

如果要从项目中删除系统族类型，而项目中具有该类型的实例，则将会显示一个警告。在警告对话框中，单击"确定"按钮删除该类型的实例，或单击"取消"按钮，修改该实例的类型并重新删除该类型。

②使用"清除未使用项"命令。单击"管理"选项卡下"设置"面板中的"清除未使用项"工具，弹出"清除未使用项"对话框。该对话框中列出所有可从项目中卸载的族和族类型，包括标准构件和内建族，如图19.14所示。

选择需要清除的类型，可以单击"放弃全部"按钮，展开包含要清除的类型的族和子族，选择类型，然后单击"确定"按钮。

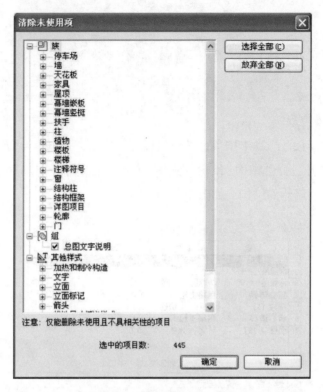

图 19.14

【注意】

如果项目中未使用任何系统族类型，则在清除族类型时将至少保留一个类型。

5）将系统族载入项目或样板中

（1）在项目或样板之间复制墙类型

如果仅需要将几个系统族类型载入项目或样板中，步骤如下：

①打开包含要复制的墙类型的项目或样板，再打开要将类型粘贴到其中的项目，选择要复制的墙类型，单击"修改｜墙"选项卡下"剪贴板"面板中的"复制到剪贴板"按钮，如图 19.15 所示。

②单击"视图"选项卡下"窗口"面板中的"切换窗口"按钮，如图 19.16 所示。

图 19.15

图 19.16

③选择视图中要将墙粘贴到其中的项目。单击"修改｜墙"的上下文选项卡中的"剪贴板"面板中的"粘贴"按钮。此时，墙类型将被添加到另一个项目中，并显示在"项目

浏览器"中。

（2）在项目或样板之间传递系统族类型

如果要传递许多系统族类型或系统设置（如需要创建新样板时），假设要把项目2中的系统族类型传递到项目1中，其步骤如下：

分别打开项目1和项目2，把项目1切换为当前窗口，单击"管理"选项卡下"设置"面板中的"传递项目标准"按钮，弹出"选择要复制的项目"对话框，"复制自"选择"项目2"。单击"放弃全部"按钮，仅选择需要传递的系统族类型，然后单击"确定"按钮，如图19.17所示。

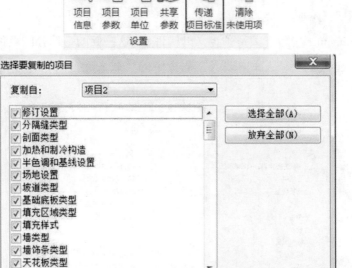

图 19.17

【提示】

可以把自己常用的系统族（如墙、天花板、楼梯等）分类集中存储为单独的一个文件，需要调用时，打开该文件，通过"复制到剪切板""粘贴"命令或"传递项目标准"命令，即可应用到项目中。

19.2.3　标准构件族

1）标准构件族的概念

标准构件族是用于创建建筑构件和一些注释图元的族，具有高度可自定义的特征。构件族包括在建筑内和建筑周围安装的建筑构件，如窗、门、橱柜、家具和植物。此外，还包含一些常规自定义的注释图元，如符号和标题栏。构件族是在外部 rfa 文件中创建的，并可导入（载入）到项目中。

　　创建标准构件族时，需要使用软件提供的族样板，样板中包含有关要创建的族的信息。先绘制族的几何图形，使用参数建立族构件之间的关系，创建其包含的变体或族类型，确定其在不同视图中的可见性和详细程度。完成族后，需要在项目中对其进行测试，然后使用。

　　Revit Architecture 中包含族库，用户可以直接调用。此外，还可以从网站上下载本地化族库，包括建筑构件族、环境构件族、系统族、建筑设备族等，能很好地满足我们的设计要求，提高工作效率。

　　2）构件族在项目中的使用

　　（1）使用现有的构件族

　　Revit Architecture 中包含大量预定义的构件族。这些族的一部分已经预先载入样板中，单击"插入"选项卡下"从库中载入"面板中的"载入族"按钮，弹出的对话框，如图 19.18 所示。

图 19.18

　　而其他族则可以从该软件包含的 Revit Architecture 英制库、公制库或个人制作的族库中导入。用户可以在项目中载入并使用这些族及其类型。

　　（2）查看和使用项目或样板中的构件族

　　单击展开"项目浏览器"中的"族"列表，直接点选图元拉到项目中，或者单击项目中的构件族，在"属性"面板中修改图元类型。

　　单击展开"项目浏览器"中的"族"列表，用鼠标右键单击构件族，在弹出的快捷菜单中选择"创建实例"命令，此时在项目中创建该实例。

3）构件族制作的基础知识

（1）族编辑器的概念

族编辑器是 Revit Architecture 中的一种图形编辑模式，用户能够创建并可引入项目中。开始创建族时，在族编辑器中打开要使用的样板。样板可以包括多个视图，如平面视图和立面视图等。族编辑器与 Revit Architecture 中的项目环境具有相同的外观和特征，但在各个设计栏选项卡中包括的命令不同。

图 19.19

（2）访问族编辑器的方法

打开或创建新的族 rfa 文件，如图 19.19 所示。选择使用构件或内建族类型创建的图元，并单击"模式"面板上的"编辑族"按钮。

（3）族编辑器命令

①创建族的常用命令如图 19.20 所示。

图 19.20

●族类型命令：用于打开"族类型"对话框。可以创建新的族类型或新的实例参数和类型参数。

●形状命令：可以通过"拉伸""融合""旋转""放样""放样融合"来创建实心或者空心形状。

●模型线命令：用于在不需要显示实心几何图形时绘制二维几何图形。例如，可以以二维形式绘制门面板和五金器具，而不用绘制实心拉伸。三维视图中，模型线总是可见的。可以选择这些线，并从选项栏中单击"可见性"按钮，控制其在平面视图和立面视图中的可见性。

●构件命令：用于选择要被插入族编辑器中的构件类型。选择此命令后，类型选择器为激活状态，可以选择构件。

●模型文字命令：用于在建筑上添加指示标记或在墙上添加字母。

●洞口命令：仅用于基于主体的族样板，如基于墙的族样板或基于天花板的族样板。通过在参照平面上绘制其造型，并修改其尺寸标注来创建洞口。创建洞口后，在将其载入项目前，可以选择该洞口并将其设置为在"三维和 / 或立面视图"中显示为透明。单击选择该窗口，出现修改洞口剪切选项栏后，从选项栏中勾选"透明于"旁边的"3D"

和 "/ 或立面" 复选框。

● 参照平面命令：用于创建参照平面（为无限平面），从而帮助绘制线和几何图形。

● 参照线命令：用于创建与参照平面类似的线，但创建的线有逻辑起点和终点。

● 控件命令：将族的几何图形添加到设计中后，"控件" 命令可用于放置箭头以旋转和镜像族的几何图形。在 "常用" 选项卡中单击 "控件" 面板的 "控件" 按钮，在 "控制" 面板中选择 "垂直" 或 "水平" 箭头，或选择 "双垂直" 或 "双水平" 箭头。也可以选择多个选项，如图 19.21 所示。

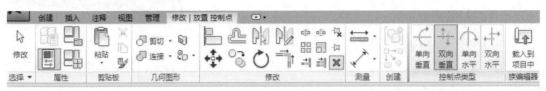

图 19.21

【注意】

Revit Architecture 将围绕原点旋转或镜像几何图形。使用两个方向相反的箭头，可以垂直或水平双向镜像。可在视图中的任何地方放置这些控制。最好将它们放置在可以轻松判断出其所控制的内容的位置。

【提示】

创建门族时 "控件" 命令很有用。双水平控制箭头可改变门轴处于门的哪一边。双垂直控制箭头可控制开门方向是从里到外还是从外到里。

② 创建族的注释工具如图 19.22 所示。

图 19.22

● 尺寸标注命令：在绘制几何图形时，除 Revit Architecture 会自动创建永久性尺寸标注外，该命令也可向族添加永久性尺寸标注。如果希望创建不同尺寸的族，该命令很重要。

● 符号线命令：用于绘制仅用于符号目的的线。例如，在立面视图中可绘制符号线以表示开门方向。

● 详图构件命令：用于放置详图构件。

● 符号命令：用于放置二维注释绘图符号。

●遮罩区域命令：用于对族的区域应用遮罩。如果使用族在项目中创建图元，则遮罩区域将遮挡模型图元。

●文字命令：用于向族中添加文字注释。在注释族中这是典型的使用方法。该文字仅为文字注释。

●填充区域命令：用于对族的区域应用填充，如图 19.23 所示。

●标签命令：用于在族中放置智能化文字，该文字实际代表族的属性。指定属性值后，它将显示在族中。

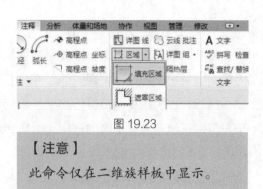

图 19.23

【注意】
此命令仅在二维族样板中显示。

【注意】
此命令仅在注释族样板中显示，如图 19.24 所示。

图 19.24

4）创建构件族的工作流程

通常情况下，需要创建的标准构件族是指建筑设计中使用的标准尺寸和配置的常见构件与符号。要创建构件族，可使用 Revit Architecture 中提供的族样板定义族的几何图形和尺寸。随后可将族保存为独立的 Revit 族文件（rfa 文件），并可根据需要将其载入到任意一个项目中。创建过程可能很耗时，这具体取决于族的复杂程度。如果能够识别与用户要创建的族比较类似的族，则通过复制、重命名和修改该族来创建新族，既省时又省力。

（1）族的规划

开始创建族前，应先规划族。

确定族是否需要适应多个尺寸、如何在不同视图中显示族以及该族是否需要主体等问题，以用于创建族的样板文件。基于墙的样板、基于天花板的样板、基于楼板的样板和基于屋顶的样板被称为基于主体的样板。只有当某主体类型的图元存在时，才能在项目中放置基于主体的族。

在某些情况下，可能不需要以三维形式表示几何图形，而只需要绘制二维形状来表示族即可。

族的原点即插入点位置。

选择合适的族样板创建新族文件。

定义族的子类别有助于控制族几何图形的可见性。

　　创建族时，样板会将其指定给可用于定义族几何图形的线宽、线颜色、线型图案和材质指定的类别。要向族的不同几何构件指定不同的线宽、线颜色、线型图案和材质指定，需要在该类别中创建子类别。然后，在创建族几何图形时，将相应的构件指定给各个子类别。

　　例如，在窗族中，可以将窗框、窗扇和竖梃指定给一个子类别，而将玻璃指定给另一个子类别，然后可将不同的材质（木质和玻璃）指定给各个子类别。

　　（2）创建族的构架

　　①定义族的原点（插入点）。

　　②视图中两个参照平面的交点定义族原点。通过选择参照平面并修改它们的属性可以控制参照平面定义原点。

　　③设置参照平面和参照线的布局有助于绘制构件几何图形。

　　④添加尺寸标注以指定参数化关系。

　　⑤测试或调整构架。

　　⑥通过指定不同的参数定义族类型的变化。

　　⑦在实心或空心中添加单标高几何图形，并将该几何图形约束到参照平面。

　　⑧调整新模型（类型和主体），以确认构件的行为是否正确。

　　重复上述步骤直到完成族几何图形。

　　（3）设置族的可见性

　　选择已经创建的几何图形，单击"属性"面板中的"可见性设置"按钮，弹出"族图元可见性设置"对话框，如图 19.25 所示。

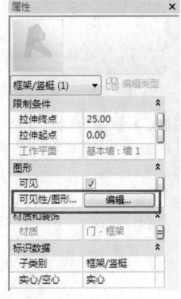
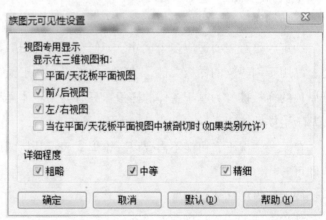

图 19.25

在"族图元可见性设置"对话框中，选择要在其中显示该几何图形的视图：平面/天花板平面视图、前/后视图、左/右视图。

选择几何图形在项目中显示的详细程度：粗略、中等、精细。其详细程度取决于视图比例。

【注意】

所有几何图形都会自动显示在三维视图中。

（4）保存新定义的族，然后将其载入项目进行测试

将要进行测试的族载入到项目中，选中该族，单击"修改族"上下文选项卡下"属性"面板中的"类型属性"，弹出"类型属性"对话框，修改任意参数，单击"确定"按钮查看并确认修改。例如，门被载入时确定族类别是否为可剖切的，如图19.26所示。如果"线宽"下的"截面"列处于禁用状态，则该类别是不可剖切的。

图 19.26

【注意】

在"族图元可见性设置"对话框中，有一个"当在平面/天花板平面视图中被剖切时（如果类另允许）"选项。如果勾选该复选框，则当几何图形与视图剖切面相交时，几何图形将显示截面。如果图元被剖面视图剪切，则在选择此选项后，该图元也将显示。

19.3　族的案例教程

19.3.1　创建门窗标记族

以门为例介绍门窗标记方法的步骤。

①打开样板文件。在应用程序菜单中选择"新建"→"注释符号"命令，弹出"新注释符号－选择样板文件"对话框，选择"公制门标记"，单击"打开"按钮。

单击"创建"选项卡下"文字"面板中的"标签"按钮，打开"修改|放置标签"选项卡。单击"对齐"面板中的 ▤ 和 ≡ 按钮，单击参照平面的交点，以此来确定标签位置，如图 19.27 所示。

图 19.27

单击"属性"面板上的"编辑类型"，弹出"类型属性"对话框。可以调整文字大小、文字字体、下画线是否显示等，如图 19.28 所示。

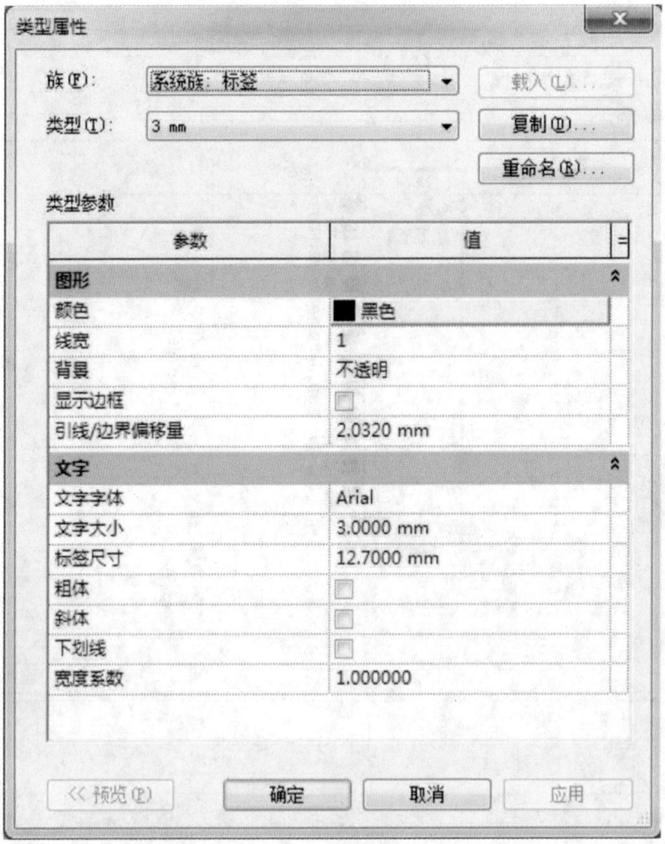

类型属性	
族(F):	系统族：标签 　　载入(L)...
类型(T):	3 mm 　　复制(D)...
	重命名(R)...

类型参数	
参数	值
图形	
颜色	■ 黑色
线宽	1
背景	不透明
显示边框	☐
引线/边界偏移量	2.0320 mm
文字	
文字字体	Arial
文字大小	3.0000 mm
标签尺寸	12.7000 mm
粗体	☐
斜体	☐
下划线	☐
宽度系数	1.000000

《 预览(P)　　　确定　　　取消　　　应用

图 19.28

②将标签添加到窗标记。在"编辑标签"对话框的"类别参数"列表框中选择"类型名称"选项，单击 ◄ 按钮，将"类型名称"参数添加到标签，单击"确定"按钮，如图 19.29 所示。

③载入到项目中进行测试。

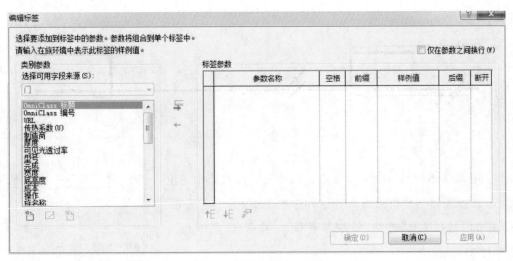

图 19.29

19.3.2 创建推拉门族

1）绘制门框

①选择族样板。在应用程序菜单中，选择"新建"→"族"命令，弹出"新族 – 选择样板文件"对话框，选择"公制门 .rft"文件，单击"确定"按钮，如图 19.30 所示。

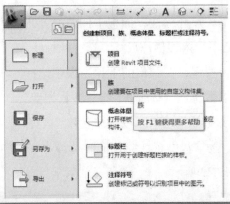

图 19.30

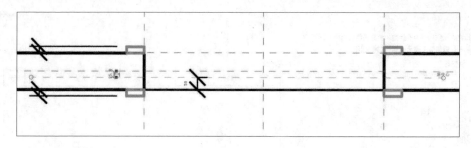

图 19.31

②定义参照平面与内墙的参数，以控制门在墙体中的位置。进入参照标高平面视图，单击"创建"选项卡下"基准"面板中的"参照平面"按钮，绘制参照平面，并命名"新中心"，如图 19.31 所示。

图 19.32

【注意】

参照平面命名的方式为：选择需要命名的参照平面，在"属性"面板的"名称"栏填写参照平面的名称，如图 19.32 所示。

单击"注释"选项卡下"尺寸标注"面板上的"对齐"工具，为参照平面"新中心"与内墙标注尺寸。选择此标注，单击选项栏中"标签"下拉按钮，在弹出的下拉列表中选择"添加参数"选项；弹出"参数属性"对话框，将"参数类型"设置为"族参数"，在"参数数据"选项区域添加参数"名称"为"窗户中心距内墙距离"，并设置其"参数分组方式"为"尺寸标注"，同时选择为"实例"属性，单击"确定"按钮完成参数的添加，如图 19.33 所示。

【注意】

将该参数设置为"实例"，参数能分别控制同一类窗在结构层厚度不同的墙中的位置。

2）设置工作平面

单击"创建"选项卡下"工作平面"面板中的"设置"按钮，在弹出的"工作平面"对话框中选择"拾取一个平面"单选按钮，单击"确定"按钮。选择参照平面"新中心"为工作平面，在弹出的"转到视图"对话框中选择"立面：外部"，单击"打开视图"按钮，如图 19.34 所示。

3）创建实心拉伸

单击"创建"选项卡下"形状"面板中的"拉伸"按钮，单击"绘制"面板中的▢按钮绘制矩形框轮廓与四边锁定，如图 19.35 所示。

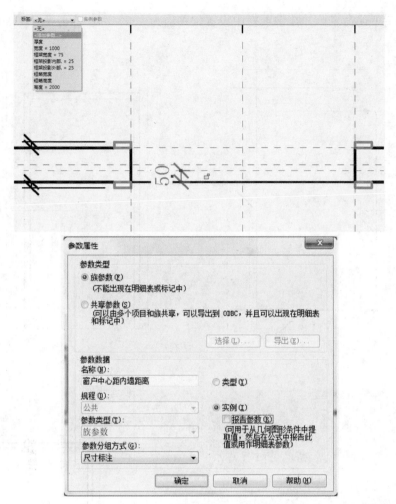

图 19.33

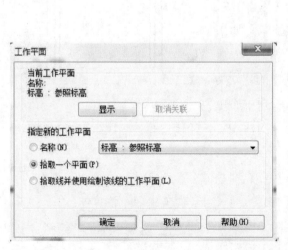

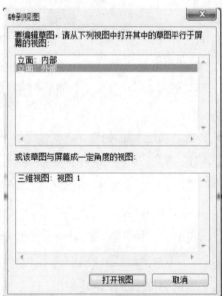

图 19.34

重复使用上述命令，并在选项栏中设置偏移值为 –50，利用修剪命令编辑示轮廓，如图 19.36 所示。

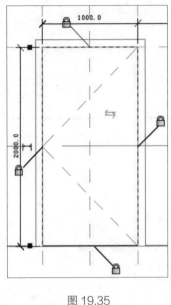

图 19.35

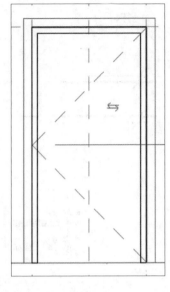

图 19.36

【注意】

此时，并没有为门框添加门框宽度的参数，门框宽度是一个 50 的定值，可以通过标注尺寸添加参数的方式为窗框添加宽度参数，如图 19.37 所示，方法与添加"门中心距内墙距离"参数相同。

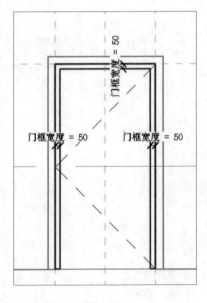

图 19.37

在"属性"面板中设置拉伸起点、终点分别为 –30、30，并添加门框材质参数，完成拉伸，如图 19.38 所示。

进入参照标高视图，添加门框厚度参数，如图 19.39 所示。

单击"创建"选项卡下"属性"面板中的"族类型"按钮，测试高度、宽度、门框宽度、窗户中心距内墙距离参数，完成后分别将文件保存为"门框 .rfa""门扇 .rfa"，如图 19.40 所示。

4）创建推拉门门扇

①打开"门扇"族。在应用程序菜单中选择"打开"→"族"命令，选择已保存的"门扇 .rfa"，单击"确定"按钮；或双击"门扇 .rfa"，进入族编辑器工作界面。

②编辑门框。选择创建好的门框，单击"修改\编辑拉伸"选项卡中的"绘制"按钮，修改门框轮廓并添加门框宽度参数，如图 19.41 所示。

图 19.38

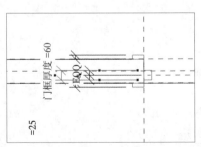

图 19.39

图 19.40

③创建玻璃。单击"创建"选项卡下"形状"面板中的"拉伸"按钮,单击"绘制"面板中的▱按钮绘制矩形框轮廓与门框内边四边锁定,如图 19.42 所示。

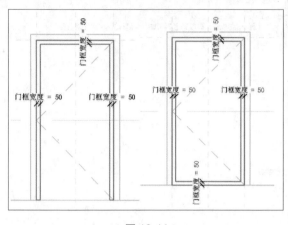

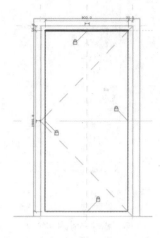

图 19.41 图 19.42

设置玻璃的拉伸终点、拉伸起点,设置玻璃的"可见性 / 图形替换",添加玻璃材质,完成拉伸并测试各参数的关联性,如图 19.43、图 19.44 所示。

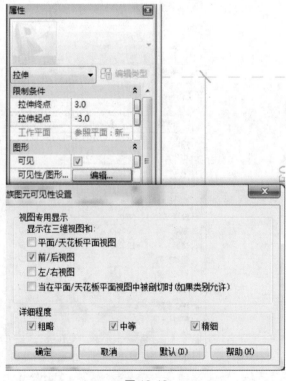

图 19.43

图 19.44

在"项目浏览器"的族列表中，用鼠标右键单击墙体，利用快捷菜单中的命令复制"墙体 1"生成"墙体 2"，再删除"墙体 1"，如图 19.45 所示。

由于默认的门样板中已经创建好门套及相关参数，还创建了门的立面开启线，此时删除不需要的参数，如图 19.46 所示。

【注意】

删除墙 1 后，"高度"参数一起被删掉，这样必须再次添加"高度"参数，如图 19.47 所示。

进入参照标高视图，为门扇添加门扇厚度参数，如图 19.48 所示，完成"推拉门门扇"设置并保存文件"推拉门门扇.rfa"。

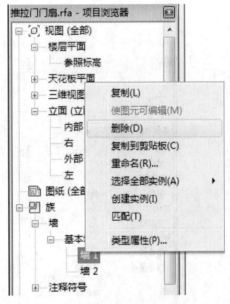

图 19.45

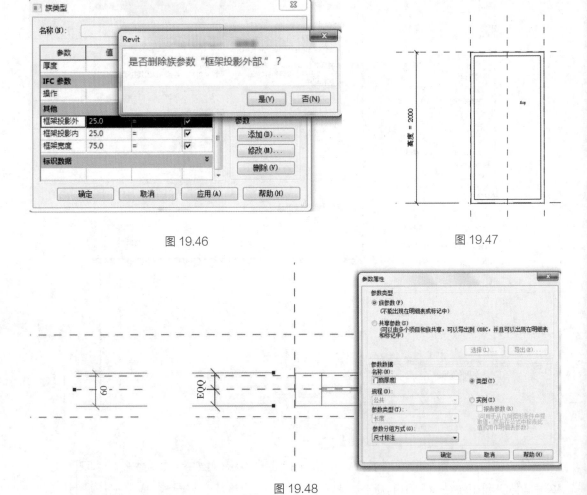

图 19.46　　　　　　　　　　　　　　　　　　图 19.47

图 19.48

图 19.49

【注意】

此门扇会以嵌套方式进入推拉门门框中,单击参照平面"新中心",在"属性"面板上将"是参照"选择为"强参照",如图 19.49 所示。

5）绘制亮子

（1）选择族样板

在应用程序菜单中选择"新建"→"族"命令，弹出"新族－选择样板文件"对话框，选择"公制常规模型 .rft"，单击"打开"按钮。

（2）绘制参照平面添加亮子宽度

进入参照标高视图，绘制两条参照平面并添加宽度参数，如图 19.50 所示。

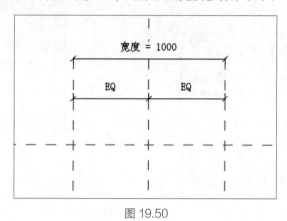

图 19.50

（3）创建亮子框

拾取参照中心线设置为拉伸的参照平面，进入前立面视图，绘制亮子框轮廓并添加亮子框宽度、高度、厚度参数，如图 19.51 所示。

设置拉伸起点、终点分别为 –30、30，并添加亮子框材质，进入参照标高视图，添加"亮子框厚度"参数，完成拉伸后测试各参数的关联性，如图 19.52 所示。

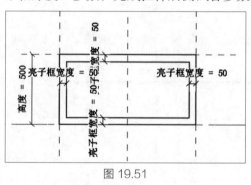

图 19.51   图 19.52

（4）创建中梃并添加玻璃

同样的方式用实心拉伸命令创建亮子竖梃，并添加竖梃宽度、厚度、材质、中梃可见参数，设置竖梃默认不可见，如图 19.53 所示。

【注意】

中梃的厚度可以与亮子框厚度相同，方法是在参照标高视图中拖曳中梃厚度与亮子框的边锁定，如图 19.54 所示。

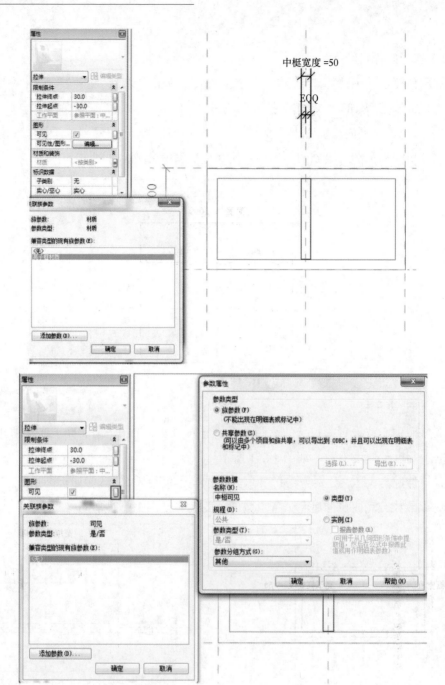

图 19.53

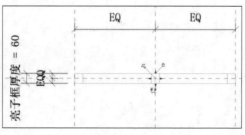

图 19.54

在前立面视图中，创建实心拉伸，将轮廓四边锁定，设置拉伸起点、终点分别为 –3、3，添加玻璃材质，如图 19.55 所示，完成拉伸并测试各参数的正确性。

在族类型中测试各参数值，并将其载入至项目中测试可见性，无错误后保存为"亮子"，如图 19.56 所示。

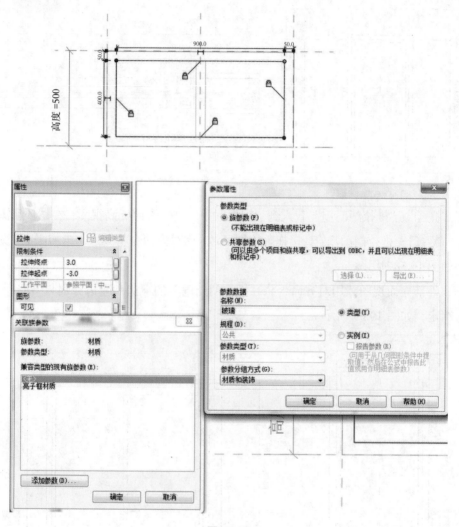

图 19.55

图 19.56

6）创建推拉门

（1）嵌套推拉门门扇、亮子

打开先前完成的"门框"族，进入外部立面视图，删除默认的立面开启方向线，完成后如图 19.57 所示。

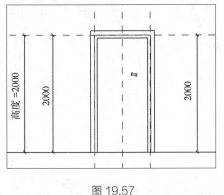
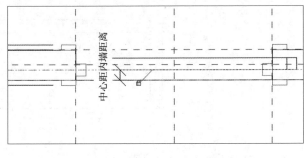

图 19.57　　　　　　　　　　　　　图 19.58

将"亮子""推拉门门扇"载入到"门框"中。进入参照标高视图，在"项目浏览器"中选择"族-门—推拉门门扇"直接拖入绘图区域，用对齐命令将其边与参照平面"新中心"锁定，如图 19.58 所示。

进入外部立面视图，用对齐命令将"推拉门门扇"的下边和左边分别与参照标高和门框内边锁定，如图 19.59 所示。

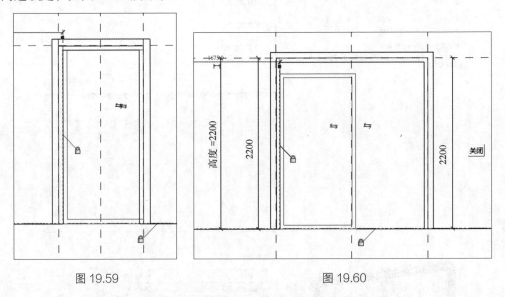

图 19.59　　　　　　　　　　　图 19.60

【说明】

为便于操作，现将门宽度和高度分别设为 2000、2200，如图 19.60 所示。

进入内部或外部立面视图，绘制一条参照平面，并添加参数"亮子高度"，如图19.61所示。

进入参照标高视图，在"项目浏览器"中选择"族 - 常规模型—亮子"直接拖入绘图区域，用对齐命令将其中心与参照平面"新中心"锁定。进入外部立面视图，用对齐命令将"亮子"的下边和左边分别与参照平面和门框内边锁定，如图19.62所示。

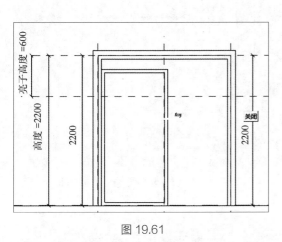

图 19.61   图 19.62

（2）关联推拉门门扇、亮子参数

选择推拉门门扇，在类型属性栏中设置并关联其参数，如图19.63所示。门框材质——"门框材质"；玻璃材质——添加"玻璃材质"参数；高度——添加"门扇高度"参数；宽度——添加"门扇宽度"参数；门框宽度——添加"门扇框宽度"参数；门扇厚度——添加"门扇框厚度"参数。完成关联后文字将灰显，如图19.64所示。

同理，将亮子的参数做关联。在实例属性中添加"亮子可见"参数，如图19.65所示。类型属性中，参数添加以下：玻璃——玻璃材质；亮子框材质——门框材质；高度——添加"亮子高"参数；宽度——添加"亮子宽"参数；亮子框宽度——门框宽度；亮子框厚度——门框厚度；中梃宽度——添加"中梃宽度"参数；中梃可见——添加"中梃可见"参数。

完成后，如图19.66所示。

（3）编辑参数公式

打开"族类型"对话框编辑以下公式，如图19.67所示。

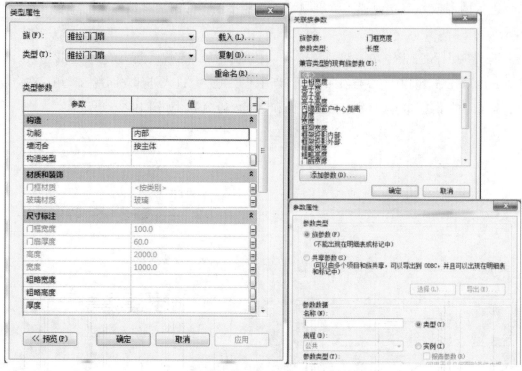

图 19.63

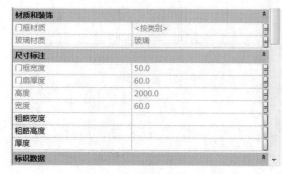

图 19.64

①门扇宽度 =(宽度 – 2 × 门框宽度) / 2 + 门扇框宽度 / 2。

②门扇高度 =if(亮子可见, 高度 – 亮子高度 , 高度 – 门框宽度)。

③亮子高 = 亮子高度 – 门框宽度。

④亮子宽 = 宽度 –2 × 门框宽度 。

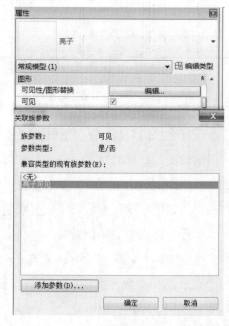

图 19.65

【注意】

参数公式必须为英文书写, 即英文字母、标点、各种符号都必须为英文书写格式, 否则会出错。

图 19.66

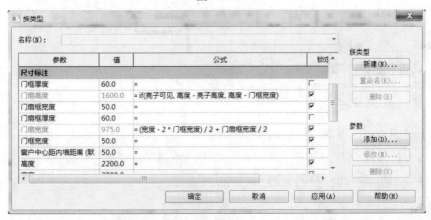

图 19.67

　　选择门扇，单击"修改 | 门"选项卡下"修改"面板中的"镜像"按钮，镜像门扇，并锁定，如图 19.68 所示。

　　（4）调整推拉门门扇平面位置

　　进入参照标高视图，调整两个推拉门门扇的位置，并调整门扇厚度，如图 19.69 所示。测试各项参数的正确性。

　　7）设置推拉门的二维表达

　　①绘制推拉门的平面表达。选择图元，单击"可见性"面板中的"可见性设置"按钮，在弹出的对话框中分别作如下设置：

　　勾选亮子的"平面 / 天花板平面视图"的可见性，如图 19.70 所示。

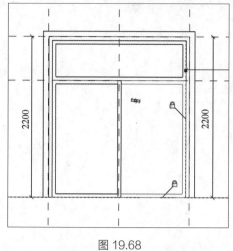

图 19.68

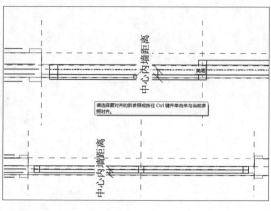

图 19.69

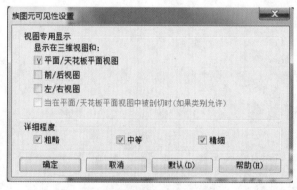

图 19.70

图 19.71

载入项目中测试二维表达，如图 19.71 所示。

②设置推拉门的立面，剖面二维表达，单击"注释"选项卡下"详图"面板中的"符号线"按钮，绘制二维线，如图 19.72 所示。

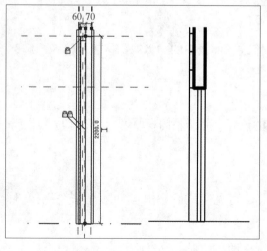

图 19.72

8）测试结果

载入项目中测试得到的结果如图 19.73 所示。

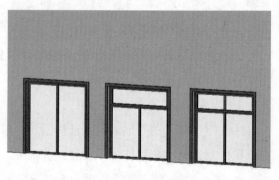

图 19.73

第 20 章　Navisworks 碰撞检查及优化

Autodesk Navisworks 解决方案支持所有项目相关方可靠地整合、分享和审阅详细的三维设计模型，在建筑信息模型（BIM）工作流中处于核心地位。BIM 的意义在于，在设计与建造阶段及之后，创建并使用与建筑项目有关的相互一致且可计算的信息。

Autodesk Navisworks 软件能将 AutoCAD 和 Revit 系列等应用创建的设计数据，与来自其他设计工具的几何图形和信息相结合，将其作为整体的三维项目，通过多种文件格式进行实时审阅，而无须考虑文件的大小。Navisworks 软件产品可以帮助所有相关方将项目作为一个整体来看待，从而优化从设计决策、建筑实施、性能预测和规划直至设施管理和运营等各个环节。

本章主要讲述如何用 Navisworks 作碰撞检查及碰撞。

20.1　Revit 与 Navisworks 的软件接口

20.1.1　导出 "*.nwc" 文件

安装 Revit 2016 后安装 Navisworks，会在 Revit 2016 软件添加一个外部工具——附加模块→外部工具→Navisworks 2016，如图 20.1 所示。

图 20.1

运用 Revit 2016 完成整体模型（建筑、水暖电模型）搭建后，单击"附加模块"选项卡下"外部工具"的下拉按钮，选择"Navisworks 2016"命令并单击，打开"导出场景为"对话框，设置保存类型为"*.nwc"，单击"保存"，导出模型文件，如图 20.2 所示。

图 20.2

20.1.2　载入 "*.nwc" 文件

运行 Navisworks Manage 2016，单击 "文件" → "打开"，在自动弹出的 "打开" 对话框中，选择需要载入的文件（按住【Ctrl】键，可一次选择多个文件），如图 20.3 所示。

图 20.3

完成选择后，单击 "打开" 完成文件的载入。效果如图 20.4 所示。

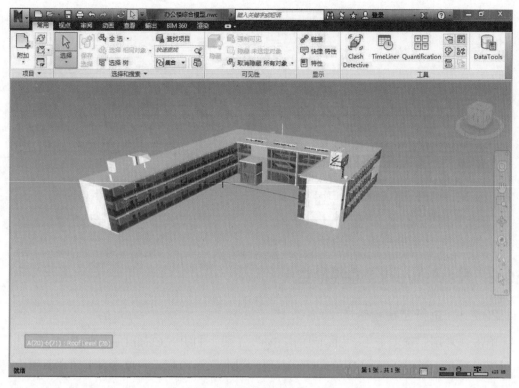

图 20.4

20.1.3 为 Navisworks 中的管道添加颜色

当 Revit 导出 Navisworks 2016 后，用 Navisworks 2016 打开，Revit 里添加的颜色在 Navisworks 里不会显示。为了更清楚地分辨各种管道，可以在 Navisworks 里再为各个系统添加颜色。以给风系统添加颜色为例，步骤如下：

①选中该模型中任一图元，在"选择和搜索"选项卡→单击"选择相同对象"→"按类型"，以选中所有风系统，如图 20.5、图 20.6 所示。

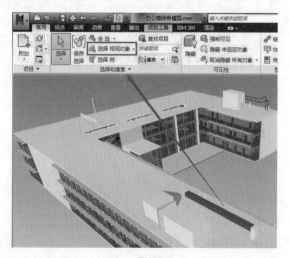

图 20.5

图 20.6

②所有风管选中后，单击"项目工具"菜单，弹出"外观"选项卡，修改颜色，如图20.7、图20.8所示。

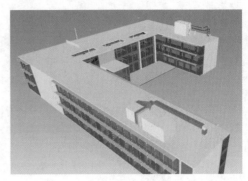

图 20.7 　　　　　　　　　　　　　　　　　图 20.8

20.2　Navisworks 碰撞检查

20.2.1　进行碰撞检查

单击"常用"选项卡下"Clash Detective"工具，打开"Clash Detective"工具面板，如图20.9所示。弹出"Clash Detective"对话框，如图20.10所示，单击右上角"添加检测"按钮。

勾选左右两个"自相交"按钮，设置公差"0.1"，并选中左右框中的".nwc"文件，选择需要检测的碰撞项目，单击"运行检测"即开始碰撞检查，如图20.11所示。

图 20.9

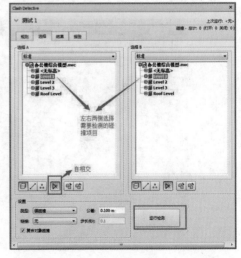

图 20.10 　　　　　　　　　　　　　　　　　图 20.11

单击切换到"结果"工具卡，可以查看碰撞结果，如图 20.12 所示。

单击"报告"标签，选择"报告格式"。报告格式有以下几种：XML、HTML、HTML（表格）、文本、作为视点，如图 2.13 所示。单击"书写报告"在自动弹出的"另存为"对话框中，选择存放文件的位置及名称，单击"保存"，生成碰撞检查，如图 20.14 所示。

单击保存后，生成碰撞报告，包括图片和 HTML 格式报告，如图 20.15、图 20.16 所示。

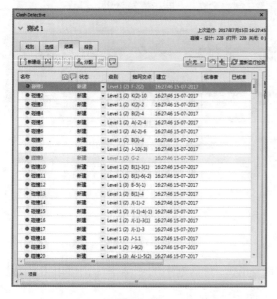

图 20.12

图 20.13

图 20.14

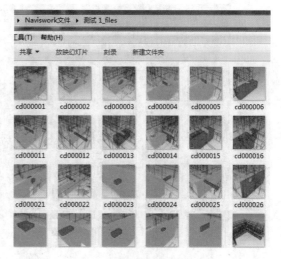

图 20.15

碰撞报告

测试1	公差	碰撞	新建	活动的	已审阅	已核准	已解决	类型	状态
	0.100m	228	228	0	0	0	0	硬碰撞	确定

图像	碰撞名称	状态	距离	网格位置	说明	找到日期	碰撞点	项目 ID	图层	项目名称	项目类型	项目 ID	图层	项目名称	项目类型
								项目1				**项目2**			
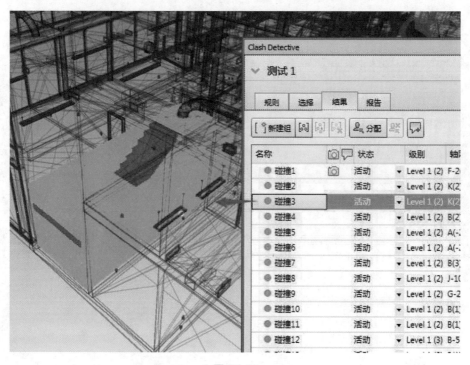	碰撞1	新建	-0.809	F-2 : Level 1	硬碰撞	2017/7/15 08:27.46	x:-0.101、y:10.239、z:2.844	元素 ID: 576198	Level 1	Stahlbeton - Fertigbeton	实体	元素 ID: 575874	Level 1	Corridor 49	实体
	碰撞2	新建	-0.809	K-10 : Level 1	硬碰撞	2017/7/15 08:27.46	x:52.306、y:-9.691、z:2.844	元素 ID: 576464	Level 1	Stahlbeton - Fertigbeton	实体	元素 ID: 576690	Level 1	Stair 92	实体
	碰撞3	新建	-0.668	K-2 : Level 1	硬碰撞	2017/7/15 08:27.46	x:-2.793、y:-9.691、z:2.844	元素 ID: 576548	Level 1	Stahlbeton - Fertigbeton	实体	元素 ID: 576715	Level 1	Stair 93	实体
	碰撞4	新建	-0.656	B-4 : Level 1	硬碰撞	2017/7/15 08:27.46	x:9.166、y:35.544、z:2.844	元素 ID: 577952	Level 1	WC Trennwand	实体	元素 ID: 573805	Level 1	WC 23	实体

图 20.16

20.2.2　查找碰撞处并修改

1）确定碰撞位置

为更清晰地查看碰撞位置，单击"Clash Detective"对话框中的"结果"，再单击"结果"中的任一栏，视图会自动切换至碰撞处，如图 20.17 所示。

图 20.17

在"结果"选项卡里,单击右侧"显示设置",如图 20.18 所示。弹出"显示设置"对话框,在"隔离"按钮上单击"隐藏其他",如图 20.19 所示。这时,发生的碰撞构件单独显示出来,移动鼠标单击发生碰撞的构件,右侧会出现特性工具框(若没有,可按住 Shift+F7),在"元素"选项卡下,读取 ID 值,如图 20.20 所示。

图 20.18   图 20.19

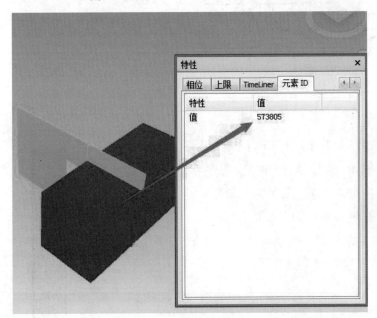

图 20.20

进入 Revit 2016 软件界面,在"管理"选项卡下,单击"按 ID 选择"工具,在弹出的"按 ID 号选择图元"对话框中,输入读取的 ID 即可找到发生碰撞的构件。单击"显示"即可显示,如图 20.21 所示。

多次单击"显示",显示切换不同的视图。

确定发生碰撞的位置后，在 Revit 2016 图纸上找到碰撞点，单击"注释"选项卡下"详图"面板中"云线批注"，如图 20.22 所示，使用云线标注错误的地方。

2）确定优化原则

①小管避让大管。

②单管避让排管。

③有压管避让无压管。

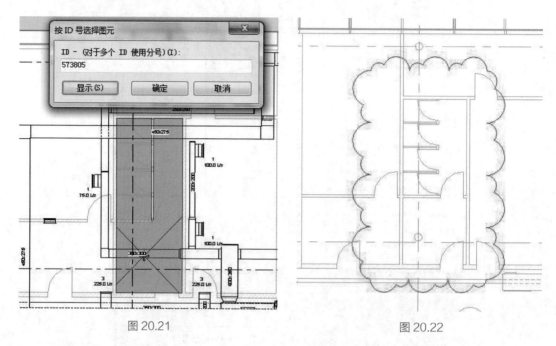

图 20.21　　　　　　　　　　图 20.22

20.3　漫游

Navisworks 2016 有与 Revit 2016 同样的观察三维操作方式。例如，按住鼠标"中键"是平移，同时按住 Shift+ 中键是动态查看，滚动鼠标中键是缩小、放大。在屏幕右侧动态导航工具栏中，提供环视、缩放、缩放框、平移、动态检查、检查、转盘等工具，利用这些工具可以编辑模型的显示状态，如图 20.23 所示。

①"全导航控制盘"工具。全导航控制盘（大和小）包含用于查看对象和巡视建筑的常用三维导航工具。全导航控制盘（大）和全导航控制盘（小）经优化适合有经验的三维用户使用。

②"平移"工具。单击"平移"工具，移动鼠标到绘图区域，鼠标会变成手掌，按住鼠标移

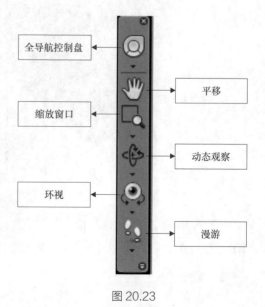

图 20.23

动，可上下左右移动模型，滚动中轮也可以起到放大缩小的效果。

　　③"缩放窗口"工具。单击"缩放"工具，移动鼠标到绘图区域，按住鼠标向上（向下）移动，视图会放大（缩小），滚动中轮也可以起到相同效果。

　　④"动态观察"工具。单击"动态观察"工具（相当于 Revit 里 Shift+ 中键），旋转观察视角。

　　⑤"环视"工具。单击"环视"工具，移动鼠标到绘图区域，按住鼠标向右（向左）偏移，视图会由原来保持水平的状态向右（向左）旋转。

　　⑥"漫游"工具。单击"漫游"，在下拉的工具栏中选择第三者工具，在视图上会出现一个"模拟人形"。在右侧栏中还有其他一些工具。

　　碰撞：选中此项，模拟人形在室内漫游时不能穿越实体，如墙、柱等。

　　重力：选中此项，模拟人形在移动时脚下必须有实体，在此状态下，"模拟人形"可以上楼梯。

　　蹲伏：选中此项，当模拟人形遇到高度不足的地方会自动蹲伏通过。

　　通过调整视图，把模拟人形调整到一个合适的位置，以方便进行室内漫游。单击"漫游"工具，调整右侧栏中的工具，使其具有重力状态、碰撞状态。然后，移动鼠标即可进行室内模拟。使用"上下左右"控制键也可以控制漫游走向。

　　⑦编辑视点。单击"视点"→"编辑当前视点"，打开"编辑视点 – 当前视图"对话框，如图 20.24 所示。在"编辑视点 – 当前视图"的对话框中，单击"碰撞"选项下的"设置"按钮，打开"碰撞"对话框，进行"碰撞"、"重力"、"自动蹲伏"、第三人"启用"进行如图 20.25 所示设置。

图 20.24

图 20.25

完成"当前视点"的设置后，单击"漫游"工具，在模型中按住鼠标左键移动，进行实时漫游，如图 20.26 所示。

图 20.26

第 21 章 综合案例

本章将以一栋 3 层办公大楼为实践项目，综合讲解 Autodesk Revit Architecture 2016 软件的建模过程。本项目建模基础资料及实际操作视频详见本书封底"资源地址"对应的二维码。

21.1 Autodesk Revit Architecture 建模前期准备

该实例为一个 3 层的办公大楼，如图 21.1 所示，形体较为方正，设计中使用到了一些节能策略，某些地方又有一些特殊的构件。通过本实例，在了解基础操作的同时，也能学习基础的内建构件的做法。

打开给定的 CAD 图纸（.dwg 格式，如果是天正软件绘制，需导出成 -t3.dwg 格式），把一层建筑平面图、二层建筑平面图……，即每层建筑平面图分别复制出来，生成每层均为一个独立文件的格式，如图 21.2 所示。

图 21.1

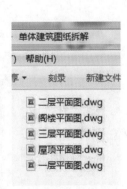

图 21.2

21.2　Autodesk Revit Architecture 建模实操

21.2.1　新建一个项目

打开 Revit 后单击"新建项目—建筑样板"即可，默认情况下会使用 Revit 自带的中国样板文件。

21.2.2　绘制轴网和标高

1）轴网绘制方法

①"常用"选项卡→"基准"面板→"轴网"，如图 21.3 所示。

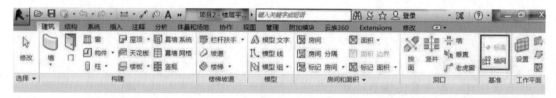

图 21.3

绘制第一条轴线，如图 21.4 所示。采用同样的方法绘制第二条轴线。

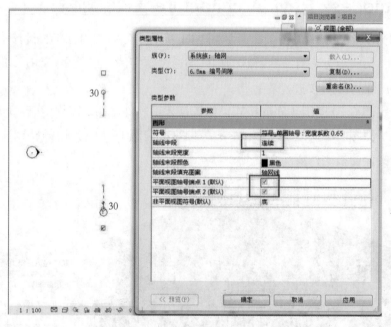

图 21.4

② CAD 图纸的导入。"插入"选项卡→"导入 CAD"面板，如图 21.5 所示。

图 21.5

可以依照以上方法，画出所有 CAD 轴线。如果如本实例一样，轴线之间尺寸有相同的，也可以使用"阵列"命令或"复制"命令。

依照以上轴线画法，完成轴网，如图 21.6 所示。

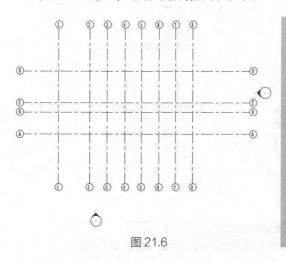

图 21.6

【注意】

一般情况下，轴网会按照阿拉伯数字一直排列下去，可以把横向的轴线改为用大写字母表示，双击轴网旁的小球→输入大写字母"A"→回车键。以后再画横向轴线时，便会从大写字母 A 开始排列。不显示轴网编号或者两头显示轴网编号，点选一条轴线→单击轴网编号旁边的小方框→可切换是否显示轴网符号。

2）标高绘制方法

标高在 Revit 建模中有着非常重要的作用，Revit 建模中很多图元的定位都需要依靠标高来进行，因此建立一套精确详细的标高会便于后面的建模（第 2 章已作详细讲解）。按照以上方法，本项目最终绘制的标高结果如图 21.7 所示。

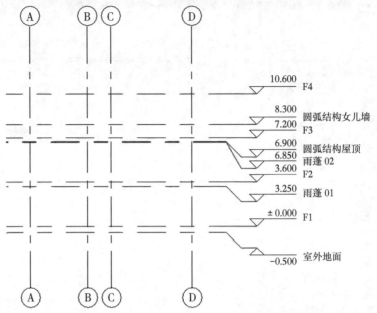

图 21.7

21.2.3　绘制结构柱

打开平面视图"F1"，如图 21.8 所示。

打开"结构"选项卡→柱，如图 21.9 所示。

Revit 2016 默认样板中的"结构柱"没有混凝土柱，需要载入，"插入"面板→"载入族"，如图 21.10 所示。

图 21.9　　　　　　　　　　　　　　　　图 21.8

图 21.10

窗口中出现 Revit 自带的族，选择"结构"→"柱"→"混凝土"→"矩形柱"，如图 21.11 所示。

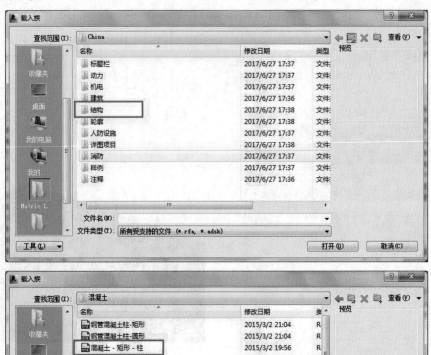

图 21.11

默认的柱子尺寸为 300 mm×450 mm，将柱子的尺寸修改为 400 mm×400 mm。"图元属性"→"类型属性"，如图 21.12 所示。

柱子尺寸修改后，开始放置柱子。在高度一栏中，选择"F1"，然后将柱子放置在如图 21.13 所示的相应位置。

柱子其他属性的修改及其他楼层的柱子放置方法详见相应视频教程，此处不作详细说明。

打开三维视图，查看柱子完成后的效果，如图 21.14 所示。

图 21.12

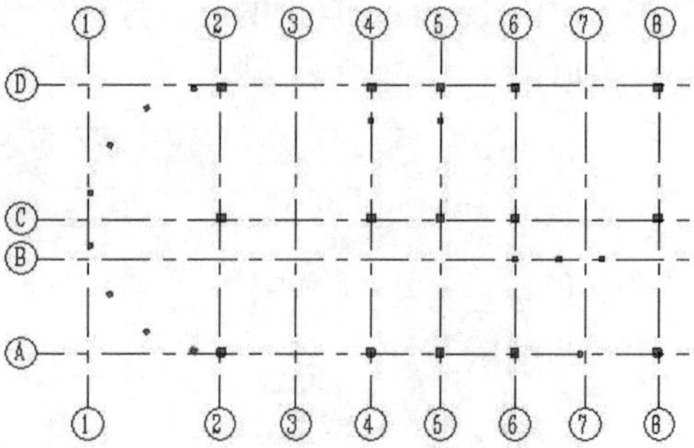

图 21.13

图 21.14

21.2.4　绘制墙体

以在"F1"平面上绘制墙体为例，在"项目浏览器"中，打开"F1"平面。"建筑"选项卡→"墙"→"墙：建筑"，如图 21.15 所示。

在墙的属性对话框，墙类型下拉菜单里，选择系统自带的墙类型，如图 21.16 所示。

对选中的墙的"类型属性"进行修改，如图 21.17、图 21.18 所示，详见视频资料。

在墙"属性"栏，设置墙的限制条件，这里标高的作用就展现出来了，很多图元的高度和位置都需要通过标高确定，如图 21.19 所示。

绘制如图所示墙体，具体绘制过程教程和视频里有详细讲解，绘制完成的平面效果如图 21.20 所示。

打开三维视图观看效果，如图 21.21 所示。

图 21.15

图 21.16

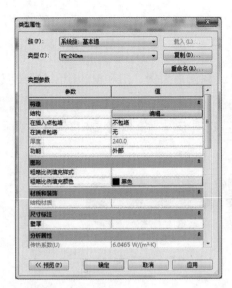

图 21.17

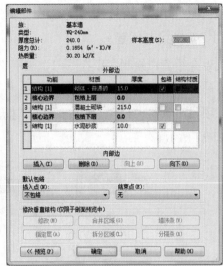

图 21.18

图 21.19

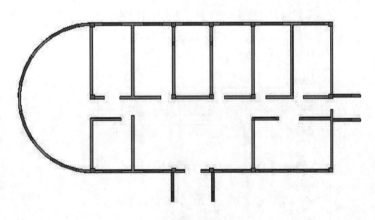

图 21.20

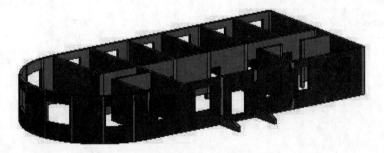

图 21.21

墙体的其他编辑方法详见视频教程，此处不再详细说明。

21.2.5　绘制门窗

此处介绍窗户绘制，以在"F1"平面上绘制窗户为例。门和窗的绘制与修改方式完全相同，门的绘制在这里不再赘述。

在项目浏览器中打开"F1"平面，"建筑"选项卡→"窗"（绘制门时选择"门"即可），如图 21.22 所示。

图 21.22

系统自带的只有固定窗，如需其他窗类型，选择"载入"即可，具体方法同"结构柱"的载入，此处不作详细说明。

选中"载入"的窗，编辑窗的"类型属性"，如图 21.23 所示。

墙的类型属性编辑完成后，在墙上相应的位置放置一面窗，如图 21.24 所示。

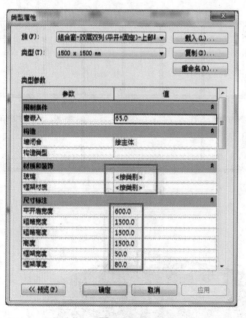

图 21.23

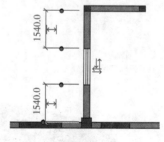

图 21.24

单击窗旁边的标注数字，可以输入数字来修改窗的位置。

打开三维视图查看效果，如图 21.25 所示。

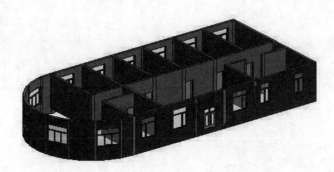

图 21.25

其他楼层门窗的编辑方法详见视频教程，此处不作详细说明。

21.2.6 其他构件的绘制

其他构件，如楼板、屋顶、楼梯、雨篷、室外场地等构件，视频教程里已作详细说明，读者可根据提供的相关资料及视频自行绘制。完成后的整体效果图如图 21.1 所示。

参考文献

[1] 何关培.BIM总论［M］.北京：中国建筑工业出版社，2011.

[2] 中国建设教育协会.全国BIM应用技能考试培训教材·BIM建模［M］.北京：中国建筑工业出版社，2016.

[3] 王君峰，陈晓，等. Autodesk Revit 土建应用之入门篇［M］.北京：中国水利水电出版社，2013.

[4] 张华英，杨振英.高职院校BIM教学思路探索［J］.佳木斯职业学院学报，2016（1）：6-7.

[5] 全国高校建筑学科专业指导委员会. 计算性设计与分析：2013年全国建筑院系建筑数字技术教学研讨会论文集［M］.沈阳：辽宁科学技术出版社，2013.

[6] 田莉梅，王丽玫，徐东升. BIM在高校建筑专业教学中的应用初探［J］.廊坊师范学院学报（自然科学版）.2016, 16（3）：119-121.